U1070187

植物病原菌抗药性分子生物学

（第二版）

杨　谦　著

科学出版社
北　京

内 容 简 介

本书对植物病原菌对杀菌剂抗药性的基本概念、植物病原菌抗药性形成发展的分子生物学、植物病原菌抗药性机制的分子生物学、植物病原菌抗药性治理的分子生物学原理、植物病原菌抗药性利用分子生物学、植物病原菌抗药性的研究方法进行了比较全面和系统的论述。其中,为了满足进行植物病原菌对杀菌剂抗药性研究、揭示抗药性分子生物学本质的需要,作者针对在植物病原菌抗药性形成发展的分子生物学领域里存在的争论,提出了冲破传统理论的新观点;在如何对待抗药性问题方面,作者又站在微生物基因工程的高度,在抗药性机制原理分子生物学、抗药性治理的基因工程、抗药性研究的分子生物学方法等方面进行了开创性的探讨。

本书对植物病原菌抗药性利用的分子生物学、植物病原菌抗药性的研究方法等方面的介绍具有很强的实践指导意义。因此,可供从事植物病原菌对杀菌剂抗药性方面学习、研究的大学生、研究生及科研教学工作者阅读,也可以为生产实践中科学治理抗药性问题提供丰富的资料和重要的指导。

图书在版编目(CIP)数据

植物病原菌抗药性分子生物学 / 杨谦著 . —2 版 . —北京:科学出版社,2011

ISBN 978-7-03-032407-8

Ⅰ.①植… Ⅱ.①杨… Ⅲ.①植物病原真菌-抗药性-分子生物学 Ⅳ.①S481

中国版本图书馆 CIP 数据核字(2011)第 193256 号

责任编辑:李　悦　李晶晶 / 责任校对:刘亚琦

责任印制:钱玉芬 / 封面设计:耕者设计工作室

科学出版社 出版

北京东黄城根北街 16 号

邮政编码:100717

http://www.sciencep.com

骏杰印刷厂 印刷

科学出版社发行　各地新华书店经销

*

2003 年 9 月第　一　版　　开本:B5(720×1000)

2012 年 1 月第　二　版　　印张:10 1/4

2012 年 1 月第一次印刷　　字数:192 000

印数:2 001—3 800

定价:48.00 元

(如有印装质量问题,我社负责调换)

第二版前言

2003年已经出版了本书的第一版。此次应部分读者的要求再版，将我们近年来在这一领域研究探索的新进展，特别是将抗药性基因在生物防治微生物中的转化、生物防治微生物基因组学研究等内容充实到了本书中。希望能为从事植物病原菌抗药性分子生物学及相关领域学习研究的同行们提供更多的帮助。

植物病原菌的抗药性是植物病害化学防治中面临的一个严重问题。不仅威胁粮食、蔬菜、水果等农产品产量和质量，而且破坏人类生存环境。因此，如何有效地对植物病原菌的抗药性问题进行治理，保证植物病害的防治效果，已成为世界各国植物病理学界和农药学界普遍关注的问题。

五十多年来，国内外同行已经对植物病原菌抗药性的出现及其原因，对抗药性的机制原理以及对抗药性的治理策略进行了广泛的研究，研究的深度已经达到分子生物学水平，为我们在这一领域继续探索提供了丰富的资料。作者根据多年来自己在植物病原菌的抗药性分子生物学的研究结果和前人留下来的大量资料撰写了《植物病原菌抗药性分子生物学》一书。作者在这方面的研究，特别是在微生物基因工程领域取得了令人瞩目的成果。这些对进一步揭示植物病原菌抗药性的内在规律，特别是在分子生物学水平认识抗药性现象，发展遗传学理论具有重要意义。因此，撰写这部专著，目的在于把植物病原菌的抗药性方面的研究新成果加以归纳、分析，使之系统化，指出植物病原菌的抗药性研究中对一些基本问题的争论所在，通过客观的实验和科学的思维提出符合实际的观点，冲破传统理论中不符合客观实际部分的束缚，发展现有理论，为从事植物病原菌的抗药性工作的同事们提供力所能及的帮助。

本书对植物病原菌抗药性的基本概念、形成发展的分子生物学、抗药性机制原理的分子生物学、抗药性治理的基因工程方法、应用潜力和研究的生物工程方法等方面进行了比较系统的论述。是全面、系统论述植物病原菌抗药性分子生物学的一本专著。

在本书的准备和撰写的过程中，得到了 M. A. de Waard 博士、R. T. V. Fox 博士、H. Ishii 博士、叶钟音教授、于久才教授、周明国教授、Kasem 博士、Hollomon 博士、李梅博士、张海燕博士、刘丕刚博士等国内外专家、同行们多方面的帮助和支持，在此深表谢意。

由于本书涉及的内容比较广泛，加之作者的水平有限，书中难免存在不妥之处，欢迎各位读者给予批评指正。谢谢！

杨　谦

2011年6月于哈尔滨

第一版前言

植物病原菌的抗药性是植物病害化学防治中的一个严重问题。它给多种植物病害,包括果树、蔬菜、农作物、经济作物等的病害防治带来了困难。由于抗药性问题引起的防治效果下降,甚至完全失效而造成经济损失很大。因此,如何有效地对植物病原菌的抗药性问题进行治理,保证植物病害化学防治的效果,成为世界各国植物病理学界和农药学界普遍关注的问题。

五十多年来,国内外同行已经对植物病原菌抗药性的出现及其原因,对抗药性的机制原理以及对抗药性的治理策略进行了广泛的研究,研究的深度已经达到分子生物学水平,为我们在这一领域内继续探索提供了丰富的资料。作者根据多年来自己在植物病原菌的抗药性分子生物学的研究结果和前人留下来的大量资料撰写了《植物病原菌抗药性分子生物学》。作者在这方面的研究结果,特别是在微生物基因工程领域的新进展取得了令人瞩目的成果。这些对进一步揭示植物病原菌抗药性的内在规律,特别是在分子生物学水平认识抗药性现象,发展遗传学理论具有重要意义。因此,撰写这部专著,目的在于把植物病原菌的抗药性方面的研究新成果加以归纳、分析,使之系统化,指出植物病原菌的抗药性研究中对一些基本问题的争论所在,通过客观的实验和科学的思维提出符合实际的观点,冲破传统理论中不符合客观实际部分的束缚,发展现有理论,为从事植物病原菌的抗药性工作的同事们提供力所能及的方便和帮助。

本书对植物病原菌抗药性的基本概念、形成发展的分子生物学、抗药性机制原理的分子生物学、抗药性治理的基因工程方法、应用潜力和研究的生物工程方法等方面进行了比较系统的论述。是国内全面、系统论述植物病原菌抗药性分子生物学的第一本专著。

本书在准备和撰写的过程中,曾经得到了 M. A. de Waard 博士、R. T. V. Fox 博士、H. Ishii 博士、叶钟音教授、于久才教授、周明国教授、Kasem 博士、Hollomon 博士等国内外专家、同行们多方面的帮助和支持,在此深表谢意。

由于本书涉及的内容比较广泛,加之作者的水平有限,书中难免会存在不妥之处,欢迎各位读者给予批评指正。谢谢!

杨 谦

2003 年 2 月于哈尔滨

目　　录

引　言

21世纪是以生物技术等高新技术为先导的科学技术飞速发展的崭新时代。在生物科学领域，随着分子生物学的诞生和发展，人类认识生命现象、揭示生命奥秘的水平又达到了一个新的高度。抗药性问题是化学保护科学发展所面临的严峻挑战之一。它直接影响着化学农药在病虫害管理体系中的防治效果。运用分子生物学方法研究抗药性问题对于揭示抗药性的本质具有重要意义。

随着人民生活水平的提高，水果、蔬菜等经济作物生产有了飞速发展，从而推动了对果树、蔬菜等经济作物病害化学防治工作的开展。由于杀菌剂，特别是内吸性杀菌剂使用量的迅速增加，植物病原菌对杀菌剂的抗药性问题日趋严重。

植物病原菌对杀菌剂的抗药性是指本来对药剂敏感的植物病原菌，由于突变或其他原因出现了敏感性下降的现象。虽然在20世纪50年代中期已经有人提出此问题，但是真正在生产上造成巨大损失，从而引起人们的重视是从60年代末期开始的。1969年，由于内吸性杀菌剂苯并咪唑类的苯来特在生产上广泛、大量的使用，首先在黄瓜白粉病原菌上产生了抗药性，随后又在几十种病原菌上产生了抗药性。例如，应用苯来特连续防治花生叶斑病两年以后，抗性菌株可耐浓度比敏感菌株高出10倍；在防治玫瑰白粉病时，连续使用10个月以后，完全失去防治效果；在防治苹果疮痂病时，应用3年以后，其用药浓度提高了2000倍；葡萄灰霉病抗性菌的耐药力比无抗性菌系也可高出2000倍。此外，植物病原菌对苯来特的类似化合物——甲基托布津也出现了抗药性。

内吸性杀菌剂抗药性问题的迅速出现，给植物病害的防治带来了越来越大的困难。例如，1972年在希腊应用苯来特大面积(约12 150hm^2)防治甜菜褐斑病的失败；1976年在美国应用苯来特防治草莓灰霉病的失败；1980年在荷兰应用瑞毒霉防治马铃薯晚疫病的失败等。

杀菌剂抗药性问题的日益严重，引起了世界各国植物病理学界和农药学界的普遍关注。这大大地推动了关于杀菌剂抗药性问题的研究。人们首先认识到了对杀菌剂抗药性状况进行监测的必要。世界各国都在建立和完善杀菌剂抗药性状况的监测网，以保证及时发现苗头，及时进行解决。1981年在英国吉勒特海尔(Jealott Hill)还召开了杀菌剂抗性治理委员会(Fungicide Resistance Action Committee，FRAC)的正式会议，讨论如何共同协作制定和实施防止或延缓抗药性产生的对策，从而延长杀菌剂的使用寿命。在这中间，世界上各大农药生产公司都倾注了很大的财力。

然而,长期以来在植物病原菌抗药性问题的研究中,对一些基本问题的认识还比较混乱,并且存在着不同的观点。例如,对植物病原菌抗药性的基本概念尚无准确的定义;对抗药性的形成和杀菌剂在这一形成过程中的作用还有争论。这些对该领域研究的顺利开展、对揭示抗药性的本质都有不同程度的阻碍作用,亟待加以解决。

为了有效地防止或延缓病原菌对杀菌剂抗药性的产生,人们还进一步进行了植物病原菌对杀菌剂抗药性产生的原因和抗性机制的大量研究。这些研究进展一方面深化了人们对杀菌剂抗药性问题的认识,另一方面为制定防止或延缓抗药性产生的对策提供了重要的理论依据。国外关于植物病原菌对杀菌剂抗性机制的研究,正在不断深入开展。特别是由于遗传工程学的迅速发展[1],使病原菌对内吸性杀菌剂,如多菌灵的抗性机制的研究已经开始运用基因工程技术等先进手段,深入到基因水平[2~8]。英国里丁大学(University of Reading)Fox 博士等利用灰霉病菌(*Botrytis cinerea*)对多菌灵抗药性的遗传机理,通过遗传工程手段,快速预测抗药性的出现,已经取得了成功[9]。

在我国关于植物病原菌对杀菌剂抗药性的研究,还主要停留在监测方面。关于抗性遗传机制方面的研究还很少[10~13]。

关于病原菌对内吸性杀菌剂的抗性机制的研究,在国外虽然已经深入到基因水平,但如何在这方面理论研究成果的基础上,进一步研究限制和避免抗药性产生、促进植物病害化学防治发展的途径和方法,尚无令人满意的进展。特别是绝大多数研究者都把注意力仅仅集中在抗药性的有害一面,忽视了抗药性可能被利用一面。例如,在病害的综合防治中,往往需要化学防治和生物防治并用。而杀菌剂又往往对生防因子(植物病原菌的寄生菌)也具有杀死作用,从而严重影响了生物防治的效果。如何解决这个矛盾呢?如果从另一个角度来看待抗药性这一自然现象,正如在害虫的防治中已经出现的那样[14],在弄清植物病原真菌对杀菌剂的抗性机制的基础上,争取利用对杀菌剂的抗药性基因于植物病原菌的病原微生物中,通过在研究方法上进行探索,很可能大大地拓宽植物病原菌对杀菌剂抗性及其遗传机制的研究领域。

根据作者多年来在此方面的研究结果,运用分子生物学方法改造生物防治菌,解决生物防治菌的化学杀菌剂敏感的问题,是行之有效的。到目前为止,作者已经在国内外率先将对苯并咪唑类杀菌剂的抗性基因转入木霉菌和毛壳菌,获得了稳定表达该抗药性基因的转化子[15,16]。

下面将根据作者和国内外同行们在这方面的研究进展,从杀菌剂抗药性的概念、抗药性形成、机制的分子生物学、抗药性治理应用的基因工程方法等方面进行论述。

第一章　植物病原菌的抗药性

到目前为止，用于防治植物病原菌的杀菌剂种类已经很多。主要类型有无机杀菌剂(如波尔多液)，有机硫杀菌剂(如代森类和福美类杀菌剂)，有机砷杀菌剂(如田安)，内吸性杀菌剂(如多菌灵)和抗菌素类杀菌剂(如井冈霉素)等。在这些杀菌剂中，与抗药性问题关系密切的有：有机硫杀菌剂，内吸性杀菌剂和抗菌素类杀菌剂，特别是内吸性杀菌剂的抗药性问题最为严重。

第一节　植物病原菌抗药性的概念

植物病原菌抗药性(resistance of plant pathogen to fungicide)的概念比较混乱。例如，“抗药性”、“耐药性”、“不敏感性”，都常常被用来表示植物病原菌抗药性。但是随着对植物病原菌抗药性问题的深入研究，上述三种被看作是同义语的说法往往会造成一些不必要的混乱。例如，在不同的病原菌中使用同一种杀菌剂，不同的病原菌常常表现出不同的敏感性；在同一病原菌不同的生长时期使用同一种杀菌剂，其敏感性也可能不同。那么，这些情况是“抗药性”、“耐药性”、还是“不敏感性”呢？为了避免这类混乱，我们对植物病原菌抗药性做如下定义。

首先，是植物病原菌的**耐药性(tolerance)**。它是指植物病原菌的自然属性，是由于植物病原菌种的不同，或同一种植物病原菌但生长时期不同、生理状态不同、生长环境不同等因素造成的对杀菌剂敏感性的差异。例如，对多菌灵来说，稻瘟病菌、核盘菌的敏感性就有所不同；同是核盘菌，不同菌株的敏感性也不相同。耐药性的高低不是由于杀菌剂的长期应用而产生的。

其次，与耐药性相反，植物病原菌的**抗药性(resistance)**，是指由于在同一地区，连续使用同一种杀菌剂使植物病原菌对杀菌剂的敏感性明显降低的现象。例如，应用苯来特连续防治花生叶斑病两年以后，花生叶斑病菌对苯来特的可耐浓度提高了 10 倍，说明该菌株对苯来特产生了抗药性；由于对多菌灵的长期使用，灰霉病菌菌株能够在含有 1500μg/mL 多菌灵的培养基上生长，对多菌灵的敏感性是初用时的 1/500，说明该菌对多菌灵产生了抗药性。

植物病原菌的抗药性，一般是通过比较杀菌剂对抗性菌株和敏感菌株的有效中浓度(EC_{50})或有效中量(ED_{50})来确定的。如果杀菌剂对植物病原菌的有效中浓度(EC_{50})或有效中量(ED_{50})提高了 5～10 倍以上，就可以认为植物病原菌对该药剂产生了抗药性。

由于有些杀菌剂的作用机理很相似，植物病原菌常常因为对一种杀菌剂产生了抗药性，而对另一种从未使用过的，但作用机理相似的药剂也产生抗性，这样的现象被称为**交互抗药性**(cross resistance)。例如，马铃薯晚疫病的病原菌对甲霜灵和恶霜灵的抗药性就属于这种类型[17]。另外，植物病原菌对苯并咪唑类不同杀菌剂也容易产生交互抗药性，当病原菌对苯来特产生抗药性以后，往往对甲基托布津、多菌灵和噻菌灵等其他苯并咪唑类杀菌剂也具有抗药性。

与交互抗药性相反，有的植物病原菌会因为对某一种杀菌剂产生了抗药性，而对另一种从未使用过的药剂敏感性更强，这样的现象被称为**负交互抗药性**(negative cross resistance)。例如，抗苯并咪唑的灰霉病菌对 *N*-苯基氨基甲酸酯更加敏感就属于负交互抗药性[18]。另外，对多菌灵高抗的梨黑星病菌(*Venturia nashicola*)菌株也对 *N*-苯基氨基甲酸酯更加敏感，而对多菌灵中抗或低抗的梨黑星病菌菌株对 *N*-苯基氨基甲酸酯并非更敏感。

负交互抗药性可以在植物病原菌的化学防治中加以利用。这方面，在梨黑星病菌多菌灵高抗菌株的防治中有所尝试。在某些病原菌中，所具有的多个抗性基因是相互独立的，它们能够导致这些病原菌同时对多种类型的杀菌剂同时产生抗性，这种现象叫作**多重抗药性**(multiple resistance)。例如，有些黄瓜霜霉病菌就能同时对苯并咪唑类、羟基嘧啶类和甾醇合成抑制剂产生抗药性。这是不同于交互抗药性的。

另外，有的抗药性还具有多效性(pleiotropy)，抗性菌的抗性基因可以同时引起其他的性状，如对低温或高温的敏感性。

第二节　植物病原菌对不同杀菌剂的抗药性

到目前为止，抗药性已经在许多种植物病原菌上出现，尤其对内吸性杀菌剂的抗药性出现得最多。在内吸性杀菌剂中，苯并咪唑类和托布津类化合物最为著名。这主要是因为它们具有出色的内吸性和很强的杀菌效果，因而应用非常广泛。然而不幸的是，由于在它们所防治的许多植物病原菌中出现了抗药性问题，严重地威胁着它们的应用价值。据 Delp 报道，到 1979 年为止，对苯并咪唑类杀菌剂产生抗药性的植物病原菌已达 16 个属[19]。

下面，就对国内外主要的植物病原菌对不同类型的杀菌剂所产生抗药性的情况作一简要介绍。

一、不同植物病原菌对多菌灵的抗药性

(一) 灰霉病菌对多菌灵的抗药性(resistance to carbendazim)

在土耳其南部和东南部，由于苯并咪唑类杀菌剂——多菌灵在大棚蔬菜病害防治中的广泛使用，灰霉病菌已经对多菌灵产生了很高的抗性。在所测的 12 个菌株中，有 6 个菌株能够在含有 1500μg/mL 多菌灵的培养基上生长(表 1-1)。其中

菌株 B-1 对多菌灵的敏感性是初用时的 1/500[7]。

表 1-1　灰霉病菌菌株对多菌灵的敏感性

菌株号	寄主	不同浓度(μg/mL)下生长 5 天后的菌落半径/mm					
		0	1	5	500	1000	1500
B-1	番茄	8.00	20.10	17.25	14.30	0	0
B-2	番茄	29.90	0	0	0	0	0
B-3	黄瓜	43.79	44.00	43.88	44.50	17.91	21.62
B-4	胡椒	37.40	28.75	36.50	33.55	38.50	34.45
B-5	番茄	39.05	35.15	35.00	33.40	27.16	16.16
B-6	茄子	33.67	36.00	36.70	24.80	29.18	27.90
B-7	茄子	36.89	38.85	31.90	35.20	33.56	28.35
B-8	黄瓜	22.00	39.75	34.50	17.85	16.55	10.85
B-9	番茄	45.00	0.90	0.80	1.05	0.20	0
B-10	黄瓜	20.40	0.20	0	5.00	0	0
B-11	草莓	39.10	0	0	0	0	0
B-12	番茄	43.41	0	0	0	0	0

在我国，多菌灵长期而广泛的应用，也引起了灰霉病菌对多菌灵抗性菌株的大量出现。例如，通过测定江苏省和上海市 8 个县、区的草莓灰霉病菌菌株，发现在所测菌株中，绝大多数菌株都产生了抗药性。抗性菌株还可以通过紫外线照射而诱导产生。进一步的研究表明，抗性菌株的抗药性很稳定，但它们的产孢能力明显下降[20]。

（二）立枯丝核菌对多菌灵的抗药性

经过对温室里蔬菜上分离到的立枯丝核菌（*Rhizoctonia solani*）菌株的测定，发现 4 个菌株中有 1 个菌株能够在含有 5μg/mL 多菌灵的培养基上正常生长（表 1-2）。培养 5 天后，处理与对照的生长状况基本一致，菌落大小完全一样。其余 3 个菌株只能在含有 1μg/mL 多菌灵的培养基上正常生长[7]。

表 1-2　立枯丝核菌不同菌株对多菌灵的敏感性

菌株号	不同浓度(μg/mL)下生长 5 天的菌落半径/mm			
	0	1	5	50
R-1	44.30	45.00	0	0
R-2	41.60	45.00	0	0
R-3	45.00	45.00	0	0
R-4	45.00	45.00	45.00	0

（三）核盘菌对多菌灵的抗药性

对核盘菌（*Sclerotinia sclerotiorum*）在不同蔬菜寄主上 6 个菌株的生物测

定表明，其中3个菌株对多菌灵产生了抗药性，均能在含有5μg/mL多菌灵的培养基上正常生长(表1-3)。这3个菌株都是从温室里黄瓜菌核病株上分离到的[7]。

表1-3　核盘菌对多菌灵的敏感性

菌株号	寄主	不同浓度(μg/mL)下生长5天的菌落半径/mm				
		0	1	5	1500	2500
SS-1	黄瓜	45.00	42.18	42.75	0.20	0.22
SS-2	莴苣	45.00	0	0	0	0
SS-3	黄瓜	45.00	0	0	0	0
SS-4	茄子	45.00	0	0	0	0
SS-5	黄瓜	45.00	40.63	40.41	0	0
SS-6	黄瓜	45.00	45.00	45.00	0	0

另据作者观察，在英国南部，核盘菌在一个油菜上分离到的菌株(YQ-Y)对多菌灵的忍受上限浓度仅为3.00μg/mL。为了求得该菌株对多菌灵的忍受上限浓度，对菌株YQ-Y在不同多菌灵浓度下的生长状况进行了系统的生物测定，以获得不同浓度多菌灵对该菌株的生长抑制率。所用多菌灵浓度分别为：0.03μg/mL、0.30μg/mL、3.00μg/mL和30.00μg/mL。每个处理重复3次，统计它们的平均值。

在3.00μg/mL、30.00μg/mL浓度下，该菌的生长受到非常严重抑制(高于97.8%，表1-4)，几乎没有任何正常的菌丝生长，所长出的极个别菌丝非常细、非常短。说明它们已经丧失了正常的生长能力。

表1-4　不同浓度多菌灵对核盘菌菌株的生长抑制率

处理浓度/(μg/mL)	菌落平均半径/mm	生长抑制率/%
0.00	43.0	
0.03	34.0	24.4
0.30	21.7	51.8
3.00	1.0	97.8
30.00	0.7	98.5

为了了解在含0.30μg/mL以上多菌灵的PDA上长出的菌丝是否还能恢复正常生长，将这些菌丝分别接种到PDA和含0.03μg/mL、0.30μg/mL、3.00μg/mL、30.00μg/mL多菌灵的PDA培养基上继续培养。5次重复实验的结果表明，只有在含0.30μg/mL以下多菌灵的PDA上长出的不正常菌丝能恢复正常生长。其他菌丝都彻底地失去了生长能力。说明其忍受上限浓度在3.00μg/mL以下(表1-5)。

表 1-5　经多菌灵处理菌株在不同条件下的菌落生长半径(mm)

处理浓度/(μg/mL)	菌丝来源浓度/(μg/mL)		
	0.3	3.0	30
0.0	30	0	0
0.3	25	0	0
3.0	0	0	0
30.0	0	0	0

为进一步测定多菌灵对 YQ-Y 菌株的有效中浓度，以更准确判断它的抗药性产生状况，将该菌株(YQ-Y)菌丝，接种在含不同浓度多菌灵培养基的中央，每一浓度分 3 天重复 9 次，在 22℃条件下进行培养，36h 后观察记录菌落半径(表 1-6)。经计算求得不同浓度的多菌灵对上述菌株的生长抑制率，从而得出该菌株的有效中浓度。

表 1-6　YQ-Y 菌株在多菌灵处理 36h 后的菌落生长

处理浓度/(μg/mL)	菌落生长半径/mm							
	1		2		3		平均数	标准误
	平均数	标准误	平均数	标准误	平均数	标准误		
0.00	28.0	0.6	30.5	0.9	36.0	1.0	31.4	4.2
0.03	20.0	1.0	21.7	1.2	36.7	0.6	22.8	3.5
0.30	11.7	0.6	16.3	1.5	14.7	0.6	14.2	2.3
3.00	0.7	0.3	0.3	0.6	1.5	0.0	0.8	0.6

根据上述试验结果，运用统计学方法，我们求出了多菌灵对该菌株的有效中浓度。YQ-Y 菌株的有效中浓度为 0.15μg/mL，95%以上的置信限为 0.12～0.19μg/mL。另外，通过同样的试验和统计方法，我们对其他 3 个菌株在不同浓度下对多菌灵的敏感性也做了生物测定，进而求出了多菌灵对它们 3 个菌株的有效中浓度，它们分别为：0.11(0.05～0.25)μg/mL，0.10(0.04～0.26)μg/mL，0.05(0.02～0.14)μg/mL(表 1-7)[21]。

表 1-7　多菌灵对核盘菌不同菌株的 EC_{50}

核盘菌的不同菌株	EC_{50}/(μg/mL)	
	有效中浓度值	95%置信限
YQ-Y	0.15	0.12～0.19
YQ-P	0.11	0.05～0.25
YQ-L	0.10	0.04～0.26
YQ-S	0.05	0.02～0.14

注：YQ-P，为豌豆菌株；YQ-L，为亚麻菌株；YQ-S，为大豆菌株

（四）枝孢属菌种对多菌灵的抗药性

另外，在对枝孢属菌种（*Cladosporium* spp.）3个菌株的研究中，发现它们都能在含有1000μg/mL多菌灵的培养基上生长（表1-8）。这3个菌株分别来自番茄、西瓜和黄瓜菌核病株，分别属于两个种[7]。

表1-8 枝孢属菌种不同菌株对多菌灵的敏感性

菌株号	寄主	不同浓度（μg/mL）下生长11天的菌落半径/mm				
		0	1	50	500	1000
C-1	番茄	18.83	17.85	17.25	16.65	17.95
C-2	西瓜	19.87	15.91	24.33	22.79	1.70
C-3	黄瓜	11.82	9.37	7.25	12.25	10.75

注：C-1为*C. fulvum*；C-2和C-3为*C.* spp.

（五）甜菜叶斑病菌对多菌灵的抗药性

据报道，在我国山东、江苏省的部分地区自1974年开始使用多菌灵防治甜菜叶斑病菌（*Cercospora beticola*），4年以后就出现了防治效果严重下降的现象，从78.8%下降到20.0%。经过对563个菌株进行测定，发现许多菌株已经对多菌灵产生了抗药性[22]。研究表明，连续使用多菌灵3～4年，就足以导致甜菜叶斑病菌对多菌灵产生抗药性，并且其抗性比较稳定，即使停止使用多菌灵3年，抗药性仍不消失。其抗性菌株还可以通过种子向其他地区扩散。

根据多菌灵对甜菜叶斑病菌的有效中浓度的大小，可以将该菌菌株分成三类：①敏感型，有效中浓度为0～10μg/mL；②中抗型，有效中浓度为20～50μg/mL；③高抗型，有效中浓度在50μg/mL以上（表1-9）[23]。

表1-9 甜菜叶斑病菌对多菌灵抗性菌株不同类型的分布

菌株来源	菌株数	不同抗性类型的菌株数		
		敏感型	中抗型	高抗型
内蒙古	77	21	40	16
宁夏	68	27	27	14
吉林	60	23	25	12
江苏	40	35	5	0

（六）球座尾孢菌和落花生尾孢菌对多菌灵的抗性

另外研究表明，球座尾孢菌（*Cercospora personata*）和落花生尾孢菌（*C. arachidicola*）也已经对多菌灵产生了程度不同的抗药性。通过对广东、山东、江苏等地54个菌株的测定，发现在这些菌株中存在着敏感、中抗和高抗三种类型。有效中浓度（EC_{50}）为0～10μg/mL的属于敏感型；有效中浓度为20～50μg/mL的属于中抗型；有效中浓度为50μg/mL以上的属于高抗型。三种类型所占的比例分别为35%，43%和22%（表1-10）。

表 1-10　尾孢菌属不同菌种对多菌灵的抗性类型

病原菌	来源	菌株数	不同抗性类型菌株数		
			敏感型	中抗型	高抗型
球座尾孢菌	江苏	3	0	2	1
	广东	9	3	4	2
	江苏	3	0	2	1
	山东	10	4	4	2
落花生尾孢菌	江苏	5	2	1	2
	广东	8	3	4	1
	江苏	7	3	3	1
	山东	9	4	3	2

（七）麦类赤霉病菌对多菌灵的抗药性

据报道，通过对江苏、安徽、上海、福建、河北和黑龙江等省（直辖市）的麦类赤霉病菌（*Fusarium graminearum*）菌株的监测发现，对多菌灵的抗性菌株已经出现，但出现的频率较小。另外，紫外线照射可以诱导抗性的产生。田间采到的抗性菌株与紫外光照射诱导产生的抗性菌株相比，对多菌灵的抗性更高。

（八）水稻恶苗病菌对多菌灵的抗药性

另外，经过 3～7 年的连续使用多菌灵，水稻恶苗病菌（*Fusarium moniliforme*）对多菌灵的抗药性也已相当严重。抗性监测结果表明，水稻恶苗病菌对多菌灵的抗药性在江苏东北、江苏南部和上海等地的水稻产区非常普遍。抗性菌株的出现频率高达 55%～95%，从而导致了多菌灵防治效果的急剧下降。

对辽宁、江苏两地的水稻恶苗病菌菌株进行测定的结果表明，该菌的敏感型菌株在 4μg/mL 多菌灵浓度下，菌丝已经完全不能生长。但它的抗性菌株所能忍受的多菌灵浓度高达 100μg/mL 以上[24]。

（九）梨黑星病菌对多菌灵的抗药性

对 5 个梨黑星病菌（*Ventruria nashicola*）菌株的抗药性测定表明，这些菌株对多菌灵的敏感性各不相同。根据它们对多菌灵不同的敏感性，可以将这些菌株分为四大类型：①敏感型：有效中浓度为 0.19μg/mL 以下；②低抗型：有效中浓度为 3.12～50μg/mL；③中抗型：有效中浓度为 50～800μg/mL；④高抗型：有效中浓度达到 800μg/mL 以上（表 1-11）[25]。

表 1-11　梨黑星病菌菌株对多菌灵的敏感性

菌株	对多菌灵反应类型	最低抑制浓度/(μg/mL)
JS-18	敏感型	＜0.19
JS-27	低抗型	3.12
JS-40	中抗型	50
JS-137	高抗型	＞800

（十）小麦雪霉叶枯菌对多菌灵的抗药性

据 Enisz 观察，小麦雪霉叶枯菌（*Gerlachia nivalis*）不同菌株对多菌灵的敏感性差别很大。多菌灵对敏感菌株的最低抑制浓度（MIC）为 1～10μg/mL，而对抗性菌株的最低抑制浓度（MIC）要比对敏感菌株高出 4～20 倍。另外，抗性菌株也可以通过紫外线照射而诱导产生[26]。

二、不同植物病原菌对噻菌灵的抗药性

（一）柑橘青霉和柑橘绿霉病菌对噻菌灵的抗药性

根据噻菌灵（thiabendazole）对柑橘青霉（*Penicillium italicum*）和柑橘绿霉病菌（*Penicillium digitatum*）菌株最低抑制浓度（MIC）的不同，可以将这些菌株分成三大类：①敏感型，MIC 在 1μg/mL 以下；②中抗型，MIC 为 2～100μg/mL；③高抗型，MIC 在 100μg/mL 以上。根据观察，在 115 个柑橘青霉菌株和 77 个柑橘绿霉病菌菌株中，产生了抗药性的菌株分别占 72％和 13％（表 1-12）[27]。

表 1-12　不同青霉属菌种菌株对噻菌灵抗性状况

菌株	菌株总数	不同敏感型菌株数		
		敏感型	中抗型	高抗型
柑橘青霉-1	33	4	8	21
柑橘青霉-2	43	4	23	16
柑橘青霉-3	39	24	15	0
柑橘绿霉-1	21	17	3	1
柑橘绿霉-2	16	12	4	0
柑橘绿霉-3	40	38	2	0

（二）灰霉病菌对噻菌灵的抗药性

在研究灰霉病菌（*Botrytis cinerea*）对多菌灵抗药性的同时，人们发现对多菌灵抗性菌株对噻菌灵（TBZ）也具有较高的抗性[28]。也就是说灰霉病菌对多菌灵抗性菌株对噻菌灵（TBZ）有交互抗性。

（三）扩展青霉对噻菌灵的抗药性

据 Dividse 报道，他在研究噻菌灵与扩展青霉（*Penicillium expansum*）微管蛋白相互作用时，曾经使用过两个扩展青霉菌株。其中抗性较高的菌株，噻菌灵对它的有效中量高达 85μmol/L，比敏感菌株的高出 11 倍。

（四）构巢曲霉对噻菌灵的抗药性

另外，从构巢曲霉（*Aspergillus nidulans*）对噻菌灵的敏感菌株突变而来的新菌株，构巢曲霉 186，对噻菌灵的抗性提高了 3 倍，噻菌灵对它的有效中量达到 195μmol/L[29]。

三、不同植物病原菌对苯来特的抗药性

(一) 苹果黑星病菌对苯来特的抗药性(resistance to benomyl)

根据苹果黑星病菌(*Venturia inaequalis*)对苯来特的敏感性测定，该菌对苯来特已经产生了抗药性。苹果黑星病菌菌株所能忍受苯来特浓度的不同，可以将菌株分为：①敏感型，不能在含有 0.5μg/mL 苯来特的培养基上生长；②低抗型，能在>0.5μg/mL，<5μg/mL 苯来特的浓度条件下生长；③中抗型，能在>5μg/mL，<50μg/mL 苯来特的浓度下生长；④高抗型，能在含有 50μg/mL 苯来特的培养基上生长。通过对 42 个菌株的观察比较，发现抗性菌株达 36 个(表 1-13)[30]。

表 1-13　苹果黑星病菌对苯来特的抗性状况

菌株号	敏感性类型	菌株号	敏感性类型
WB	敏感型	WRR	敏感型
WM	敏感型	WL	敏感型
FS6C-12	敏感型	FP-TC139-4	敏感型
MSU-20	低抗型	SPINKS 79	低抗型
RH-4	高抗型	RH1-11B	高抗型
GAVIN 43	高抗型	VAN DRESSEN 1	超高抗型
PAJ-13C-P3	超高抗型	VAN DRESSEN 2	超高抗型
FS-17C-P3	超高抗型	SH1-9B	超高抗型
SH2-9B	超高抗型	SH1-2B	超高抗型
SH2-10B	超高抗型	KV3C	超高抗型
CR2C	超高抗型	NU-26 DPX-5	超高抗型
BIGLER	超高抗型	MSU-33	超高抗型
AB-2C-B1	超高抗型	MINN FRUIT ACRES 7	超高抗型
MINN 6-1B	超高抗型	MINN LAUTZ 4	超高抗型
OLD HICKORY 9-2	超高抗型	MINN 5	超高抗型
MINN 8-2B	超高抗型	MINN 3	超高抗型
42 MINNS 118	低抗型	74 PRESTON 7	低抗型
MITCHELL 94-1	低抗型	VAN DUSER 3	超高抗型
32 MINNS 121	超高抗型	MINN 5-4B	超高抗型
VERDINE 2	超高抗型	LAUTZ 10-5	超高抗型
V-558	中抗型	V-560	中抗型

(二) 灰霉病菌对苯来特的抗药性

根据对 6 个灰霉病菌菌株的观察，发现其中 4 个菌株对苯来特产生了抗药性

(表 1-14)。抗性菌株的有效中量都达到了 315μg/mL 以上[28]。可见这些灰霉病菌菌株对苯来特的抗药性水平相当高。

表 1-14 灰霉病菌对苯来特的敏感性

菌株	敏感性类型	有效中浓度/(μg/mL)
B2	敏感型	0.09
B3	敏感型	0.10
B1	抗药型	355
B501	抗药型	384
B504	抗药型	325
B-UV1	抗药型	315

(三) 甜菜、花生、芹菜叶斑病菌(*Cercospora* spp.)对苯来特的抗药性

苯来特对该菌引起许多病害的防治效果曾经非常理想。因此,常常被单独用来防治这些病害(如甜菜叶斑病、花生叶斑病、芹菜叶斑病等)。然而,由于大量反复使用,2～4 年以后,该菌对苯来特产生了抗药性。致使该杀菌剂的防治效果明显下降[19]。

(四) 梨黑星病菌对苯来特的抗药性

通过对 2 个梨黑星病菌(*Venturia pirina*)菌株在施用苯来特以后,在梨树上致病作用的观察(表 1-15),发现其中一个菌株与对照相比,其致病作用丝毫没有减弱,这说明,该菌株对苯来特已经产生了抗药性[31]。

表 1-15 梨黑星病菌在苯来特处理梨树叶上的致病作用

处理	叶上病斑面积与叶面积比/%	
	菌株 1	菌株 2
对照	61	67
150μg/mL[a]	62	4
150μg/mL[b]	60	13

a. 喷药时间为接种前 12h;b. 喷药时间为接种后 48h

(五) 扩展青霉对苯来特的抗药性

据 Rosenberger 等报道,在 17 个扩展青霉菌株中,对苯来特敏感的菌株有 3 个,中抗的菌株有 8 个,高抗的菌株有 6 个。划分该菌对苯来特抗性类型的标准是:EC_{50}＝14μg/mL 的为中抗;EC_{50}＞100μg/mL 的为高抗。他们的观察还表明,这些抗性菌株对二苯胺(diphenylamine)具有负交互抗性[32]。

（六）芭蕉尾孢菌对苯来特的抗药性

据 Stover 报道，他曾分离到一个尾孢菌属（*Cercospora*）菌株。该菌株对苯来特具有抗药性，但对其寄主完全失去致病作用。据观察，该菌株对苯来特的抗性已经达到 200～700μg/mL。根据对该菌株各方面特性的观察比较，他认为该菌株可能是由芭蕉尾孢菌（*Cercospora musae*）发展而来的[33]。

（七）粗糙脉孢菌对苯来特的抗药性

Borck 等报道了 15 个粗糙脉孢菌（*Neurospora crassa*）菌株对苯来特的敏感性差别（表 1-16）。他们比较了这 15 个菌株在不同苯来特浓度下的生长率（mm/d），其中 14 个菌株能够在 0.25μg/mL 以上的浓度下生长，属于抗性菌株。对于敏感菌株来说，0.25μg/mL 的苯来特就能够完全抑制该菌的生长[34]。

表 1-16　粗糙脉孢菌菌株在苯来特处理下的生长率（mm/d）

菌株	苯来特浓度/（μg/mL）											
	0	0.10	0.15	0.20	0.25	0.50	1.00	2.00	3.00	5.00	7.00	10.00
74A	93	75	62	35	0	0						
511	92			100		95	95		80	62	42	30
519	82						78		68	40	35	20
526	100			96		96	85		55	38	0	
5210	30						25		10	3	2	0
557	65			60		55	35		0	0		
572	50					41	40	31	0	0	0	0
586	40					35	30	23	0	0	0	0
5810	95			95		95	95		50	45	7	0
5102	66						62	45	15	0	0	0
5107	70					85	80	55				
5128	85						65		40	30	11	0
111	55						48	38	10	0		
128	42						32					22
159	90						70	50	40	35	0	0

四、植物病原菌对甲基托布津的抗药性

（一）灰霉病菌对甲基托布津的抗药性（resistance to thiophanate methyl）

据周明国等报道，在观察的 6 个灰霉病菌菌株中，通过比较甲基托布津对它们的有效中浓度（EC_{50}），发现 EC_{50} 高于 655μg/mL 的菌株有 4 个。其中，EC_{50} 高于 1000μg/mL 的菌株有 1 个（表 1-17）。这些菌株对甲基托布津的反应与对多菌灵的抗药性呈正相关[28]。

表 1-17 灰霉病菌不同菌株对甲基托布津的反应

菌株	对多菌灵的反应	甲基托布津的 EC_{50}/(μg/mL)
B2	敏感型	0.45
B3	敏感型	0.38
B1	抗药型	>1000
B501	抗药型	785
B504	抗药型	655
B-UV1	抗药型	825

另据 Ishii 等报道，在他所观察的来自葡萄园的该菌菌株中，各菌株对甲基托布津的反应各不相同。他在停止使用该杀菌剂 15 年后，对 94 个菌株的抗药性进行了观察比较。结果表明，7 个菌株对甲基托布津表现为高抗，占所有菌株的 7.4%。此外，他还对另一个实验葡萄园中的该菌菌株进行了两次观察。第一次，在所观察的 36 个菌株中，有 31 个菌株对甲基托布津表现为高抗，占所有菌株的 86.1%；第二次，在所观察的 125 个菌株中，有 101 个菌株对甲基托布津表现为高抗，占所有菌株的 80.8%[35]。

（二）梨黑星病菌对甲基托布津的抗药性

在日本，甲基托布津自 1971 年以后就大量用于该菌引起的梨黑星病的防治。四年后，该菌对甲基托布津的抗药性就明显地表现出来了。结果使甲基托布津对梨黑星病(*Venturia nashicola*)完全失去了防治效果[36]。防治效果的下降与连年的大量使用关系密切。据观察(表 1-18)，随着甲基托布津用于防治梨黑星病次数的增加，防治效果越来越差，病情越来越重[37]。

表 1-18 甲基托布津的使用与梨黑星病的发病率(%)

处理	使用过甲基托布津的不同次数		
	未使用前	用过 4 次后	用过 8 次后
甲基托布津	26.1	68.0	96.7
甲基托布津与代森锌交替	26.8	62.7	98.0
空白对照	26.8	62.7	98.0

五、不同植物病原菌对代森锰锌的抗药性

（一）灰霉病菌对代森锰锌的抗药性(resistance to mancozeb)

通过对 12 个灰霉病菌菌株进行生物测定，发现其中 5 个菌株能够在含有 1500μg/mL、2500μg/mL、5000μg/mL 代森锰锌的培养基上生长(表 1-19)。这些菌株都来自土耳其南部温室栽培的蔬菜上。在这些温室栽培的蔬菜上杀菌剂的用

量较大、施药次数较多，这是抗药性发展较快的原因[7]。

表 1-19　灰霉病菌对不同浓度代森锰锌的敏感性

菌株号	寄主	不同浓度(μg/mL)下生长 5 天后的菌落半径/mm			
		0	1500	2500	5000
B-1	番茄	8.00	0.00	0.00	0.00
B-2	番茄	29.90	0.00	0.00	0.00
B-3	黄瓜	43.79	0.00	0.00	0.00
B-4	胡椒	37.40	5.30	0.30	3.60
B-5	番茄	39.05	0.00	0.00	0.00
B-6	茄子	33.67	0.00	0.00	0.00
B-7	茄子	36.89	12.80	10.05	5.56
B-8	黄瓜	22.00	5.65	1.95	4.45
B-9	番茄	45.00	3.25	4.80	3.70
B-10	黄瓜	20.40	1.85	1.95	5.40
B-11	草莓	39.10	0.00	0.00	0.00
B-12	番茄	43.41	0.00	0.00	0.00

（二）枝孢属菌种对代森锰锌的抗药性状况

据观察，在 3 个枝孢属菌种(*Cladosporium* spp.)菌株的生物测定实验中发现，这 3 个菌株都能在含有 2500μg/mL 代森锰锌的培养基上生长，但长势很弱(表 1-20)。它们分别来自番茄、西瓜、黄瓜病株。

表 1-20　枝孢属菌种对代森锰锌的敏感性

菌株号	寄主	不同浓度(μg/mL)下生长 11 天的菌落半径/mm			
		0	1500	2500	5000
C-1	番茄	18.83	0.90	0.60	0
C-2	西瓜	19.87	0.43	1.18	0
C-3	黄瓜	11.82	0.25	0.15	0

注：C-1 为黄枝孢菌(*C. fulvum*)；C-2 为枝孢菌属菌种；C-3 为枝孢菌属菌种

（三）核盘菌对代森锰锌的敏感性状况

据 Delen 等对 6 个菌株的观察，核盘菌对代森锰锌还相当敏感，所有 6 个菌株均不能在含有代森锰锌的培养基上生长[7]。说明他所观察的区域内核盘菌对代森锰锌尚未产生抗药性。

六、不同植物病原菌对福美双的抗药性

（一）枝孢属菌种（*Cladosporium* spp.）对福美双的抗药性（resistance to thiram）

对黄枝孢菌番茄菌株和枝孢属菌种西瓜和黄瓜菌株的观察结果表明，这些菌株均能在 1500～5000μg/mL 福美双的浓度下生长（表 1-21）。其中以黄枝孢菌番茄菌株在 1500μg/mL 的浓度下生长最好。其余菌株在其他浓度下虽能生长，但长势很弱。

表 1-21　枝孢属菌种菌株对福美双的敏感性

菌株号	寄主	培养 11 天后在不同浓度（μg/mL）下的菌落半径/mm			
		0	1500	2500	5000
C-1	番茄	18.83	9.95	0.80	0.50
C-2	西瓜	19.87	0.12	1.43	0.81
C-3	番茄	11.82	0.45	0.25	0.41

注：C-1 为黄枝孢菌；C-2 为枝孢菌属菌种；C-3 为枝孢菌属菌种

（二）灰霉病菌对福美双的抗药性状况

经过对 12 个灰霉病菌菌株对福美双抗药性状况的观察比较，发现这些来自不同作物的菌株对福美双都比较敏感。虽然其中有两个菌株能够在 1500μg/mL 福美双浓度下生长，但长势很弱（表 1-22）。

表 1-22　灰霉病菌对福美双的抗药性状况

菌株号	寄主	培养 5 天后在不同浓度（μg/mL）下的菌落半径/mm			
		0	1500	2500	5000
B-1	番茄	8.00	0.00	0	0
B-2	番茄	29.90	0.00	0	0
B-3	黄瓜	43.79	0.00	0	0
B-4	胡椒	37.40	0.50	0	0
B-5	番茄	39.05	0.00	0	0
B-6	茄子	33.67	0.00	0	0
B-7	茄子	36.89	0.00	0	0
B-8	黄瓜	22.00	0.20	0	0
B-9	番茄	45.00	0.00	0	0
B-10	黄瓜	20.40	0.00	0	0
B-11	草莓	39.10	0.00	0	0
B-12	番茄	43.41	0.00	0	0

（三）核盘菌对福美双的抗药性状况

另外，Delen 还对 6 个核盘菌菌株对福美双的抗药性状况进行了观察，结果与灰霉病菌菌株对福美双抗药性状况相似。虽然有 1 个菌株能够在 1500μg/mL 和 2500μg/mL 福美双浓度下生长，但生长非常微弱（表 1-23）。

表 1-23 核盘菌菌株对福美双的抗药性状况

菌株号	寄主	培养 5 天后在不同浓度（μg/mL）下的菌落半径/mm		
		0	1500	2500
SS-1	黄瓜	45.00	0.20	0.22
SS-2	莴苣	45.00	0.00	0.00
SS-3	黄瓜	45.00	0.00	0.00
SS-3	茄子	45.00	0.00	0.00
SS-3	黄瓜	45.00	0.00	0.00
SS-3	黄瓜	45.00	0.00	0.00

（四）立枯丝核菌对福美双的抗药性状况

Delen 对 4 个立枯丝核菌菌株的观察表明，这些菌株无一能够在含有福美双的培养基上生长。说明这些菌株对福美双仍然很敏感，没有产生对该杀菌剂的抗药性。

七、不同植物病原菌对有机磷杀菌剂的抗药性

（一）稻瘟病菌对硫代磷酸酯杀菌剂的抗药性（resistance to phosphorothiolate）

在我国南方，对有机磷杀菌剂的抗药性（resistance to organophosphates）表现在对硫代磷酸酯杀菌剂（例如，稻瘟净、异稻瘟净、克瘟散）的抗药性上。自 20 世纪 70 年代开始，它们被广泛应用于稻瘟病菌（*Pyricularia oryzae*）的防治。但是到了 80 年代，由于长期频繁使用，稻瘟病菌对这些杀菌剂的抗药性已经出现。据观察，1981～1987 年，许多稻瘟病菌菌株对稻瘟净、异稻瘟净等杀菌剂的抗药性已经很明显（表 1-24）。另外，该菌对稻瘟净、异稻瘟净抗性菌株也可以通过紫外线照射诱导产生。但其抗药性弱于自然抗性菌株。

另外，对不同地区该菌菌株的观察表明，对异稻瘟净的抗性强弱与水稻的耕作方式有关。在双季稻地区，抗性菌株出现的频率很高，最高可达 91.7%；而在单季稻地区，抗性菌株出现的频率则很低，最高的只有 10%（表 1-25）。进一步的研究表明，对异稻瘟净的抗性菌株对克瘟散也具有抗性，但对稻瘟灵一般不具抗性[38]。

表 1-24 稻瘟病菌对稻瘟净、异稻瘟净的抗药性

菌株号	不同药剂对稻瘟病菌菌株的有效中浓度/(μg/mL)	
	稻瘟净	异稻瘟净
P-1	25.5	19.8
P-2	125.3	69.9
P-3	54.6	40.8
P-4	78.5	64.4
P-5	70.5	48.5
P-6	97.6	72.5

表 1-25 地区间异稻瘟净抗性菌株的出现频率(%)

菌株来源	所测菌株数	抗性菌株频率	水稻耕作方式
广西	48	91.7	双季
江西	60	60.0	双季
浙江	105	42.9	双季
福建	61	36.1	双季
江苏	54	5.6	单季
江苏	30	10.0	单季
云南	13	0.0	单季
云南	103	4.9	单季
黑龙江	77	2.6	单季
四川	62	0.0	单季

此外,经观察比较,稻瘟病菌对硫代磷酸酯杀菌剂的抗性菌株可分为高抗和中抗两种类型。其中,高抗型菌株表现为对磷酰胺类杀菌剂更加敏感[39]。说明高抗菌株对磷酰胺类杀菌剂具有负交互抗性。

(二) 稻瘟病菌对稻温灵的抗药性(resistance to isoprothiolane)

稻温灵(又称富士一号)与稻瘟净等杀菌剂具有相似的杀菌活性。是我国水稻产区防治稻瘟病的主要杀菌剂。由于长期大量的使用,该菌的抗性菌株已经开始出现。通过对 952 个菌株进行的测定发现,稻温灵对抗性菌株的有效中浓度为 17.79μg/mL;而对敏感菌株的有效中浓度为 5.71μg/mL。抗性菌株出现的频率最高可达 8.33%。研究还表明,抗性菌株主要分布在我国南方双季稻区。在单季稻区尚未发现抗性菌株的出现(表 1-26,表 1-27)。

表 1-26 各地稻瘟病菌抗稻温灵菌株出现频率(%)

菌株来源	15μg/mL 稻温灵测定		25μg/mL 稻温灵测定	
	所测菌株数	抗药菌株频率	所测菌株数	抗药菌株频率
福建沙县	47	0.00	50	2.00
江西信丰	52	13.46	64	1.56
浙江镇海	79	5.28	87	3.47
江苏金坛	60	1.67	76	0.00
江苏泰县	44	0.00	49	0.00

表 1-27 稻区间稻瘟病菌抗稻温灵菌株出现频率(%)

菌株来源	所测菌株数	抗药菌株频率	不同稻区
福建沙县	59	0.00	双季稻区
江西信丰	62	1.16	双季稻区
浙江镇海	104	0.96	双季稻区
广西平南	48	8.33	双季稻区
云南玉溪	106	0.00	单季稻区
云南墨江	13	0.00	单季稻区
四川蒲江	66	0.00	单季稻区
江苏金坛	59	0.00	单季稻区
江苏泰县	30	0.00	单季稻区
东北稻区	79	0.00	单季稻区

(三) 黄瓜白粉病菌对磷酰胺类杀菌剂的抗药性(resistance to phosphorathionate)

对磷酰胺类杀菌剂的抗药性还很少见。到目前为止只在黄瓜白粉病菌(*Sphaerotheca fuliginea*)中发现过对定菌磷(pyrazophos)的抗性菌株。在荷兰，由于在温室里大量使用定菌磷防治黄瓜白粉病，该菌的抗性菌株开始出现。但抗性菌株的生存能力低于敏感菌株，所以当药剂选择压力降低后，其抗性水平也随之下降[41]。

八、不同植物病原菌对甾醇合成抑制剂的抗药性

(一) 玉蜀黍黑粉菌对三唑酮的抗药性(resistance to triadimefon)

对甾醇合成抑制剂的抗药性(resistance to sterol biosynthesis inhibitor)首先表现在抗三唑酮上。据报道，玉蜀黍黑粉菌(*Ustilago maydis*)对三唑酮抗性菌株的出现频率是 $1.07\times10^{-6}\sim2.29\times10^{-6}$。三唑酮对抗性菌株的最低抑制浓度(MIC)为 212μg/mL，是对敏感菌株的最低抑制浓度的 3 倍。将抗性菌株在无杀菌剂条件下连续培养 8 个月，87%的抗性菌株仍然保持着它们对三唑酮的抗性[38]。

另据报道，通过对敏感、自然变异、紫外线诱导变异菌株的测定(表 1-28)，发现自然变异菌株的抗性最高，三唑酮对它们的 MIC 是敏感菌株的 7～42 倍。紫外线诱导变异菌株抗性较低，三唑酮对它们的 MIC 仅是敏感菌株的 4～7 倍以下[42]。

表 1-28 玉蜀黍黑粉菌不同菌株对三唑酮的敏感性

菌株	最低抑制浓度/(μg/mL)	RF 值
敏感菌株-1	6	
敏感菌株-2	5	
自然变异菌株 a-1	45	7.5
自然变异菌株 a-2	55	9.2
自然变异菌株 a-3	220	36.7
自然变异菌株 b-1	35	7.0
自然变异菌株 b-2	45	9.0
自然变异菌株 b-3	210	42.0
紫外线诱导变异菌株-1	20	3.3
紫外线诱导变异菌株-2	20	3.3
紫外线诱导变异菌株-3	25	4.2
紫外线诱导变异菌株-4	30	5.0
紫外线诱导变异菌株-5	20	3.3
紫外线诱导变异菌株-6	20	3.3
紫外线诱导变异菌株-7	25	4.2
紫外线诱导变异菌株-8	35	7.0

（二）麦类白粉病菌对三唑酮的抗性状况

通过对山东、河北两省麦类白粉病菌(*Erysiphe graminis*)菌株的测定，三唑酮对它们的最低有效中浓度(EC_{50})为 0.031 75μg/mL，在所测菌株间有效浓度的差别为 7.6 倍。

（三）麦类条锈病菌对三唑酮的抗性状况

通过对甘肃省麦类条锈病菌(*Puccinia glumarum*)菌株的测定，三唑酮对它们的最低有效中浓度为 0.009 15μg/mL，在所测菌株间最低有效中浓度间的平均和最大差别分别为 1.33 和 1.56 倍[38]。

（四）黄瓜白粉病菌对嘧啶类杀菌剂的抗药性(resistance to pyrimidine)

据 Butters 等报道，嘧啶(pyrimidine)类杀菌剂对黄瓜白粉病菌的防治效果明显下降，说明田间黄瓜白粉病菌种群中已经出现抗性菌株[43~46]。

九、不同植物病原菌对二甲酰亚胺类杀菌剂的抗药性

（一）灰霉病菌对速克灵(procymidone)的抗药性

对二甲酰亚胺类杀菌剂的抗药性(resistance to dicarboximides)在速克灵上就有所表现。据观察，灰霉病菌对速克灵敏感菌株不能在含有 10μg/mL 速克灵的培

养基上生长。但是,从江苏草莓上采集的该菌菌株在含有 1000μg/mL 速克灵的培养基上仍然正常生长(表 1-29)。可见这些菌株已经对速克灵产生了很高的抗药性。同时,这些抗性菌株对扑海因(iprodione)也具有抗药性。对速克灵的抗性(resistance to procymidone)菌株还可以通过紫外线照射诱导产生。进一步的观察比较表明,抗性菌株对草莓的致病性明显低于敏感菌株。另外,对产孢能力的观察表明,抗性菌株的产孢能力高于敏感菌株,并且抗性菌株单孢分离后代仍保留抗药性。

此外,在欧洲各国的草莓、蔬菜和各种温室栽培作物上也都相继发现了对二甲酰亚胺类杀菌剂的抗性菌株[20]。

表 1-29　灰霉病菌菌株对速克灵的敏感性

菌株	在含不同浓度(μg/mL)速克灵培养基上的菌落半径/mm						
	0	0.1	0.5	1	10	100	1000
B506	72	70	16	10	0	0	0
B5	70	20	16	10	0	0	0
B205	60	45	40	28	22	20	10
BUVS100	32	51	60	57	50	47	28

注:BUVS100 为紫外线照射诱导产生的抗性菌株

(二) 交链孢属菌种对速克灵的抗药性

根据叶钟音对中国植物病原菌抗药性发展状况的报道,在对交链孢属菌种(*Alternaria* spp.)进行生测的时候,采用 5～50μg/mL 的速克灵处理交链孢属的番茄早疫病菌(*A. solani*)和柑橘黑腐病菌(*A. citri*)的菌株 7～10 天,便诱导产生了抗性突变株。据观察,这些突变株的菌落形成快速生长的扇面。100μg/mL 的速克灵对这些突变抗性菌株的生长抑制率只有 12.6%～23.6%。而 0.8～0.9μg/mL 的速克灵对敏感菌株的生长抑制率就达到 50%。说明抗性水平非常之高。通过比较抗性菌株和敏感菌株对番茄的致病性,发现抗性菌株的致病性并不低于敏感菌株的致病性[38]。

十、不同植物病原菌对乙酰基丙氨酸类杀菌剂的抗药性

(一) 葡萄霜霉病菌对甲霜灵(metalaxyl)的抗药性

对乙酰基丙氨酸类杀菌剂的抗药性(resistance to phenylamides)表现在抗甲霜灵上。通过对北京市、河北保定葡萄霜霉病菌(*Plasmopara viticola*)菌株的测定,发现了这些地区对甲霜灵的抗性菌株。与此同时,还发现它们对恶霜灵(oxadixyl)也具有较高抗性(表 1-30)。说明葡萄霜霉病菌对这两种杀菌剂有交互抗性[38]。

表 1-30 葡萄霜霉病菌对甲霜灵和恶霜灵的抗药性状况

杀菌剂	所测菌株数	抗性等级/倍		抗性菌株出现频率/%	最低 EC_{50}/(μg/mL)
		平均值	最大值		
甲霜灵	21	3236	25 662	90.0	0.12
恶霜灵	18	1598	5150	88.9	0.41

另据报道,对 8 个该菌菌株的测定表明,该菌已经对甲霜灵产生了抗药性,抗性菌株间抗性水平有所不同,一些菌株属于高抗水平;另一些菌株属于中抗水平[17]。

(二) 瓜类霜霉病菌对甲霜灵的抗药性

通过对北京市、河北保定等地瓜类霜霉病菌(*Pseudopernospora cubensis*)菌株的测定,发现这些地区对甲霜灵的抗性菌株也很普遍。同时,抗性菌对恶霜灵、Aliette 也具有较高抗性(表 1-31)。抗性等级分别高达 2405.4 倍和 96 倍[38]。

表 1-31 瓜类霜霉病菌对甲霜灵、恶霜灵和 Aliette 的抗药性

杀菌剂	所测菌株数	抗性等级/倍		抗性菌株出现频率/%	最低 EC_{50}/(μg/mL)
		平均值	最大值		
甲霜灵	35	3706.0	13 681.0	91.4	0.047
恶霜灵	35	289.2	2405.4	72.7	0.235
Aliette	33	26.0	96.0	77.8	0.375

(三) 马铃薯晚疫病菌对甲霜灵的抗性

马铃薯晚疫病菌(*Phytophthora infestans*)对甲霜灵的抗性菌株,曾经通过药剂训练和孢子筛选获得。但是,这些从实验室里获得的抗性菌株不是对寄主失去了致病性,就是在田间继续对甲霜灵敏感。然而 1980 年以后,不论在实验室还是在田间都分离到了该菌对甲霜灵的抗性菌株,并发现这些抗性菌株对其他乙酰基丙氨酸类(phenylamides)杀菌剂也具有交互抗性。抗性菌株的出现,使甲霜灵彻底失去了对该菌的防治作用。

(四) 其他植物病原菌对乙酰基丙氨酸类杀菌剂的抗药性

据报道,1980 年以来对乙酰基丙氨酸类杀菌剂产生了抗药性的植物病原菌还包括蔬菜作物上的寄生霜霉(*Peronospora parasitica*)、烟草上的烟草霜霉(*Peronospora tabacina*)、莴苣上的葡萄霜霉(*Plasmopara viticola*)、高尔夫球场草坪上的腐霉属菌种(*Pythium* spp.)。但这些抗性菌株的抗药性之间有所不同[47]。

十一、植物病原菌对抗菌素类杀菌剂的抗药性

(一) 水稻纹枯病菌对井冈霉素的抗药性

对抗菌素类杀菌剂的抗药性(resistance to antibiotics)在井冈霉素(jinggangmycin)上表现不明显。井冈霉素在我国南方被广泛用于水稻纹枯病(*Thanatephorus cucumeris*)的防治。1986～1992年对474个水稻纹枯病菌株的监测表明,高药剂选择压力下的该菌菌株与用药极少以及从未接触药剂的菌株之间,在对井冈霉素的敏感性方面没有显著差异。年度间的监测结果之间也没有显著差异(表1-32)。在实验室用井冈霉素对该菌菌株进行长期处理也没有引起对井冈霉素敏感性的下降[38]。

表1-32　水稻纹枯病菌对井冈霉素的敏感性

选择压力	所测菌株数	有效中浓度/(μg/mL)
从未使用过	9	0.1733
使用15年以上	25	0.1742

(二) 梨黑斑病菌对多抗霉素的抗药性

在日本,自1967年以来由于广泛应用多抗霉素(polyoxin)防治梨黑斑病(*Alternaria alternata*),该病得到了很好的防治。但是4年以后,多抗霉素对梨黑斑病开始失去防治效果。通过对果园里采来的菌株进行生物测定,发现该菌对多抗霉素的抗性(resistance to polyoxin)菌株已经在田间出现[46]。

(三) 稻瘟病菌对春雷霉素的抗药性

1965年以来,春雷霉素(kasugamycin)在日本被广泛用于稻瘟病的防治。1971年人们发现,春雷霉素对稻瘟病的防治效果明显不如从前。田间实验和室内生物测定试验的结果表明,春雷霉素对稻瘟病的防治效果下降是由于抗性菌株的出现所致[48]。

(四) 蔬菜黑腐病菌对链霉素的抗药性

据Thhayer的研究报道,早在20世纪50年代末期人们就发现了蔬菜黑腐病菌(*Xanthomonas campestris* pv. *vesicatoria*)对链霉素(streptomycin)产生了抗药性,所分离到的抗性菌株的抗性水平较高[49,50]。

多年以后,在美国北卡罗来纳州的胡椒和番茄等寄主植物上,也发现了该菌对链霉素的抗性(resistance to streptomycin)菌株。对该菌70个菌株的测定表明,其中30%的菌株能够抵抗100μg/mL的链霉素[51]。

(五) 火疫病菌对链霉素的抗药性

据Chiou报道,在美国的苹果树上发现了火疫病菌(*Erwinia amylovora*)对链霉素的抗性菌株。能够在含100μg/mL链霉素培养基上生长的菌株被视为抗性菌株;不能在含100μg/mL链霉素培养基上生长的菌株被视为敏感菌株。进一步抑制圈法的测定表明,0.06～5.00μg/mL链霉素对抗性菌株不产生抑制,而0.06μg/mL链霉素对敏感菌株就能产生明显抑制[52]。

第三节　植物病原菌对杀菌剂的正负交互抗药性

除了上述植物病原菌对杀菌剂抗药性的实例以外，植物病原菌对杀菌剂的交互抗药性和负交互抗药性也是较为普遍存在的，特别是交互抗药性。下面就介绍一下植物病原菌对杀菌剂的交互抗药性和负交互抗药性的状况。

一、不同植物病原菌对杀菌剂的交互抗药性

（一）水稻恶苗病菌对苯并咪唑类杀菌剂的交互抗药性（cross resistance to benzimidazoles）

对 64 个水稻恶苗病菌（*Gibberella fujikuroi*）（Syn. *Fusarium moniliforme*）菌株的测定表明，其中所有对多菌灵产生了抗药性的菌株都同时对噻菌灵、甲基托布津产生了抗药性。这说明该菌的这些菌株对上述杀菌剂产生了交互抗药性[53]。

（二）灰霉病菌对多菌灵和代森锰锌的交互抗药性

尽管交互抗性多半发生在杀菌机理相近的不同杀菌剂之间，例如，不同的苯并咪唑类杀菌剂之间，由于它们的杀菌机理非常近似，很容易在植物病原菌里产生交互抗药性。但是通过观察 12 个灰霉病菌菌株对多菌灵产生抗性以后的表现，人们惊奇地发现，它们似乎对代森锰锌这类不属于苯并咪唑类杀菌剂的另一类杀菌剂也有敏感性下降的苗头。

对多菌灵和代森锰锌进行交互抗药性（cross resistance to carbendazim and mancozeb）测定后，结果表明，它们当中一些抗多菌灵的菌株对代森锰锌也有较高的抗药性（表 1-33）。在 9 个抗多菌灵的菌株中，有 5 个能在含有 5000μg/mL 代森锰锌的培养基上生长[7]。可见它们在不同杀菌机理的杀菌剂之间所产生的交互抗性水平还相当高。

表 1-33　灰霉病菌对多菌灵和代森锰锌的抗性状况

菌株	不同杀菌剂各种浓度（μg/mL）下菌落生长半径/mm								
	多菌灵						代森锰锌		
	0	1	5	500	1000	1500	1500	2500	5000
B-1	8.00	20.10	17.25	14.30	0.00	0.00	0.00	0.00	0.00
B-2	29.90	0.00	0.00	0.00	0.00	0.00	0.00	0.00	0.00
B-3	43.79	44.00	43.88	44.50	17.91	21.62	0.00	0.00	0.00
B-4	37.40	28.75	36.50	33.55	38.50	34.45	5.30	0.30	3.60
B-5	39.05	35.15	35.00	33.40	27.16	16.16	0.00	0.00	0.00
B-6	33.67	36.00	36.70	24.80	29.18	27.90	0.00	0.00	0.00
B-7	36.89	38.85	31.90	35.20	33.56	28.35	12.80	10.05	5.56
B-8	22.00	39.75	34.50	17.85	16.55	10.85	5.65	1.95	4.45
B-9	45.00	0.90	0.80	1.05	0.20	0.00	3.25	4.80	3.70
B-10	20.40	0.20	0.00	5.00	0.00	0.00	1.85	1.95	5.40
B-11	39.10	0.00	0.00	0.00	0.00	0.00	0.00	0.00	0.00
B-12	43.41	0.00	0.00	0.00	0.00	0.00	0.00	0.00	0.00

上述结果给我们认识交互抗药性提供了如下启示：

(1) 不同类型的杀菌剂之间也可能产生交互抗药性。当然，在同类杀菌剂之间产生交互抗药性会更容易，发生得会更普遍；

(2) 有些菌株在不同类型杀菌剂之间产生交互抗药性，并不意味着这两类杀菌剂之间具有必然产生交互抗药性的联系。在上述观察到的菌株中，也只是其中的一部分对多菌灵具有抗性的菌株同时对代森锰锌也具有抗药性，并不是所有抗多菌灵的菌株都对代森锰锌具有抗药性。

(三) 灰霉病菌对速克灵和扑海因的交互抗药性(cross resistance to procymidone and iprodione)

通过对灰霉病菌菌株 BUVS100 和 B205 的观察，它们均对速克灵产生了抗药性，且抗性程度很高。在抗速克灵的同时，它们对另一种二甲酰亚胺类杀菌剂扑海因也产生了抗药性(表 1-34)。说明该菌对上述两种杀菌剂具有交互抗性。同时，二甲酰亚胺类各种杀菌剂之间也可能存在交互抗性问题[20]。

表 1-34 灰霉病菌在含药剂 PSA 培养基上的菌落直径(mm)

药剂种类	浓度/(μg/mL)	菌株	
		B205	BUVS100
速克灵	0.0	60	32
	0.1	45	51
	0.5	40	60
	1.0	28	57
	10.0	22	50
	100.0	20	47
	1000.0	10	28
扑海因	0.0	60	32
	0.1	52	50
	0.5	45	53
	1.0	30	52
	10.0	27	51
	100.0	25	50
	1000.0	15	18

(四) 灰霉病菌对速克灵和代森锰锌的交互抗药性

另外，通过对灰霉病菌菌株 BUVS100 和 B205 对速克灵和代森锰锌的交互抗药性(cross resistance to procymidone and mancozeb)状况的观察，发现这两个抗速克灵的菌株对另一种杀菌剂代森锰锌也出现了敏感性下降的问题(表 1-35)。说明该菌对上述两种杀菌剂也具有交互抗性。与前面不同的是，速克灵属于二甲酰亚胺类杀菌剂，而代森锰锌属于二硫代氨基甲酸盐类杀菌剂[20]。

表 1-35 灰霉病菌在含药剂 PSA 培养基上的菌落直径(mm)

药剂种类	浓度/(μg/mL)	菌株	
		B205	BUVS100
速克灵	0.0	60	32
	0.1	45	51
	0.5	40	60
	1.0	28	57
	10.0	22	50
	100.0	20	47
	1000.0	10	28
代森锰锌	0.0	60	32
	0.1	58	32
	0.5	55	27
	1.0	50	28
	10.0	45	24
	100.0	40	18
	1000.0	0	0

(五) 梨黑星病菌对多菌灵和其他苯并咪唑类杀菌剂的交互抗药性

自 1971 年以来,日本大量使用多菌灵等苯并咪唑类杀菌剂防治由梨黑星病菌引起的梨黑星病。经过 4 年的连续使用,该菌开始出现对多菌灵的抗性菌株,同时对其他苯并咪唑类杀菌剂(如苯来特、甲基托布津等)的敏感程度也下降。说明日本的该菌菌株对多菌灵和其他苯并咪唑类杀菌剂具有交互抗药性[36]。

(六) 马铃薯晚疫病菌和葡萄霜霉病菌对苯基酰胺类不同杀菌剂的交互抗药性(cross resistance to phenylamides)

据报道,对 9 个马铃薯晚疫病菌菌株和 8 个葡萄霜霉病菌菌株的测定结果表明,这些菌株对苯基酰胺类不同杀菌剂(如甲霜灵、Ofurace、恶霜灵等)具有交互抗性。但是,这些抗苯基酰胺类的菌株对其他类型的杀菌剂(如代森锰锌、链霉素等)的敏感性并不随着它们对苯基酰胺类抗性高低而改变(表 1-36,表 1-37),说明它们对苯基酰胺类以外的杀菌剂不具有交互抗性[17]。

表 1-36 不同药剂对马铃薯晚疫病菌株的有效中浓度

杀菌剂	对不同菌株的 EC_{50}/(μg/mL)				
	HC20/80	IRL233/80	ZIM18/80	CH138/80	IRL144/80
甲霜灵	0.10	0.02	85.00	>100.00	15.00
Ofurace	0.01	0.01	>1000.00	80.00	330.00
代森锰锌	3.00	0.70	0.60	0.50	5.00
链霉素	60.00	60.00	60.00	40.00	20.00

表 1-37　不同药剂对葡萄霜霉病菌菌株的有效中浓度

杀菌剂	对不同菌株的 EC_{50}/(μg/mL)				
	HC57/82	F40/82	CH01/83	GR02/82	URU01/82
甲霜灵	0.16	0.02	430.00	750.00	140.00
恶霜灵	0.38	0.40	570.00	520.00	620.00
灭菌丹	0.08	0.07		0.90	0.08

然而,对甲霜灵等苯酰胺类杀菌剂的抗性菌株是否对苯酰胺类以外的杀菌剂也具有交互抗性,对于这个问题,有些学者持有不同意见[54,55]。

(七) 柑橘青霉病菌对噻菌灵和苯来特的交互抗药性

对 115 个柑橘青霉病菌菌株的抗药性测定结果表明,其中 81 个菌株在抗噻菌灵的同时,对苯来特也在中抗水平以上,说明这些菌株对上述两种杀菌剂具有交互抗性。然而,另外 24 个抗噻菌灵的菌株对苯来特仍然敏感。还有 5 个对噻菌灵敏感的菌株对苯来特具有抗性(表 1-38)。所以该菌对噻菌灵和苯来特的交互抗药性(cross resistance to thiabendazole and benomyl)只在一部分菌株中存在[27]。

表 1-38　柑橘青霉病菌对噻菌灵和苯来特的抗性状况

菌株号	所测菌株数	对不同杀菌剂不同敏感程度的株数					
		噻菌灵			苯来特		
		敏感型	中抗型	抗药型	敏感型	中抗型	抗药型
PI-1	33	4	8	21	2	23	8
PI-2	43	4	23	16	7	26	10
PI-3	39	24	15	0	39	0	0

(八) 梨黑星病菌对多菌灵和苯来特的交互抗药性

通过苯来特处理梨黑星病菌对多菌灵的抗性菌株和敏感菌株,结果发现苯来特只对多菌灵敏感菌株有效,而对多菌灵的抗性菌株无效(表 1-39)。这说明,所测该菌菌株对多菌灵和苯来特这两种杀菌剂具有交互抗药性(cross resistance to carbendazim and benomyl)[31]。

表 1-39　苯来特对梨黑星病菌不同菌株的防治效果

处理	叶斑占叶面的面积百分比/%	
	抗性菌株	敏感菌株
空白对照	61	67
苯来特处理-1	62	4
苯来特处理-2	60	13

注:苯来特处理-1:接菌前 12h 苯来特喷雾处理;苯来特处理-2:接菌后 48h 苯来特喷雾处理

（九）灰霉病菌对多菌灵和其他苯并咪唑类药剂的交互抗药性

对灰霉病菌多菌灵抗性菌株和多菌灵敏感菌株的测定表明，所测的 4 个抗性菌株对苯来特、甲基托布津等苯并咪唑类杀菌剂也具有很高的抗药性（表 1-40），说明该菌的上述菌株对多菌灵和其他苯并咪唑类杀菌剂具有交互抗药性[28]。

表 1-40　苯并咪唑类杀菌剂对灰霉病菌菌株的 EC_{50}

菌株	对多菌灵抗、感类型	EC_{50}/(μg/mL)	
		苯来特	甲基托布津
B2	敏感型	0.09	0.45
B3	敏感型	0.10	0.38
B1	抗药型	355.00	>1000.00
B501	抗药型	384.00	785.00
B504	抗药型	325.00	655.00
B-UV1	抗药型	315.00	825.00

（十）玉蜀黍赤霉菌对多菌灵和其他苯并咪唑类的交互抗性

据观察，玉蜀黍赤霉菌的不同菌株对多菌灵产生了抗药性以后，对其他苯并咪唑类杀菌剂（如噻菌灵、甲基托布津等）的敏感性也急剧下降，说明玉蜀黍赤霉菌对多菌灵和其他苯并咪唑类杀菌剂的交互抗药性非常明显[56]。

（十一）掷孢酵母菌（*Sporobolomyces roseus*）对苯并咪唑类药剂的交互抗药性

据 Nachmias 报道，该菌的抗性菌株对苯并咪唑类杀菌剂具有交互抗药性。它们所抗的苯并咪唑类杀菌剂包括：噻菌灵、苯来特和多菌灵。进一步的研究还表明，该抗性菌株对多菌灵的抗药性可能与多菌灵对该菌株细胞的穿透能力下降有关[57]。

二、不同植物病原菌对杀菌剂的负交互抗药性

（一）扩展青霉对苯来特和二苯胺的负交互抗药性（negative cross resistance to benomyl and diphenylamine）

当使用二苯胺与苯来特、噻菌灵或甲基托布津等苯并咪唑类杀菌剂的混合制剂防治扩展青霉的苯来特抗性菌株引起的病害时，其防治效果好于上述药剂单用的效果。进一步比较该菌的苯来特抗性菌株和苯来特敏感菌株对二苯胺处理的反应，发现该菌的苯来特抗性菌株比苯来特敏感菌株对二苯胺更敏感。

分别以不同浓度的二苯胺处理该菌的苯来特敏感菌株、苯来特中抗菌株和苯来特抗性菌株，结果二苯胺对上述三类菌株的最低有效中浓度分别是：24.4μg/mL、

16.9μg/mL 和 3.10μg/mL(表 1-41)。这说明所测该菌菌株对苯来特和二苯胺具有明显的负交互抗药性。然而,并不是所有苯来特抗性菌株都对二苯胺敏感,有少数苯来特抗性菌株对二苯胺的抗性水平与苯来特敏感菌株的抗性水平很相似[30]。

表 1-41　二苯胺对扩展青霉菌株的有效中浓度(EC_{50})

菌株代号	菌株类型	苯来特与二苯胺对该菌的 EC_{50}/(μg/mL)	
		苯来特	二苯胺
P-26	苯来特敏感型	0.13±1.01	27.8±1.4
P-31	苯来特敏感型	0.07±0.71	22.9±0.8
P-39	苯来特敏感型	0.08±0.79	78.5±1.7
P-88	苯来特敏感型	<0.07	39.3±1.6
P-8	苯来特抗药型	>100	12.8±1.9
P-23	苯来特抗药型	>100	<2.0
P-24	苯来特抗药型	>100	4.4±0.9
P-S[a]	苯来特敏感型	0.14±0.001	24.4±0.6
P-MR[b]	苯来特中抗型	14.20±0.300	16.9±0.4
P-HR[c]	苯来特高抗型	>100	3.1±0.9

a. 代表 3 个菌株;b. 代表 8 个菌株;c. 代表 6 个菌株

(二)梨黑星病菌对多菌灵和 *N*-苯基氨基甲酸酯类杀菌剂的负交互抗药性

据观察,多数对多菌灵高抗的梨黑星病菌(*Venturia nashicola*)菌株都表现出对 *N*-苯基氨基甲酸酯类杀菌剂(MDPC)敏感性的增加。然而,对多菌灵中抗和低抗的梨黑星病菌菌株对 *N*-苯基氨基甲酸酯类杀菌剂敏感性却没有增加。

在 11 个对多菌灵高抗的梨黑星病菌菌株中,有 7 个菌株对 *N*-苯基氨基甲酸酯类杀菌剂敏感性明显增加;在 3 个对多菌灵中抗和 3 个低抗的梨黑星病菌菌株中,无一菌株对 *N*-苯基氨基甲酸酯类杀菌剂敏感性有所增加(表 1-42)[58]。上述结果说明:对多菌灵和 *N*-苯基氨基甲酸酯类杀菌剂的负交互抗性(negative cross resistance to benomyl and phenylanilines)只在大多数对多菌灵高抗的梨黑星病菌菌株中存在。

表 1-42　梨黑星病菌对 *N*-苯基氨基甲酸酯的敏感性

菌株	菌株类型	最低抑制浓度/(μg/mL)	
		多菌灵	MDPC
JS-11	多菌灵高抗型	>800	25
JS-40 M	多菌灵高抗型	>800	25
JS-111	多菌灵高抗型	>800	1.56
JS-114	多菌灵高抗型	>800	1.56
JS-134	多菌灵高抗型	>800	3.12
JS-135	多菌灵高抗型	>800	1.56

续表

菌株	菌株类型	最低抑制浓度/(μg/mL)	
		多菌灵	MDPC
JS-137	多菌灵高抗型	>800	3.12
JS-140	多菌灵高抗型	>800	1.56
JS-168	多菌灵高抗型	>800	25
JS-206	多菌灵高抗型	>800	1.56
JS-232	多菌灵高抗型	>800	25
JS-40	多菌灵中抗型	25	25
JS-41	多菌灵中抗型	25	25
CS-22	多菌灵中抗型	50	25
JS-27	多菌灵低抗型	1.56	25
JS-77	多菌灵低抗型	25	25
JS-132	多菌灵低抗型	25	25
JS-2	多菌灵敏感型	<0.19	25
JS-4	多菌灵敏感型	<0.19	25
JS-18	多菌灵敏感型	<0.19	25
JS-115	多菌灵敏感型	<0.19	25
JS-1	多菌灵敏感型	<0.19	25
CS-11	多菌灵敏感型	<0.19	25

（三）*Botrytis fuckeliana* 对多菌灵和 *N*-苯基氨基甲酸酯类杀菌剂的负交互抗药性（negative cross resistance to carbendazim and *N*-phenylanilines）

近来的研究表明，*Botrytis fuckeliana* 对多菌灵和 *N*-苯基氨基甲酸酯类杀菌剂也存在负交互抗药性。研究表明，该菌的多菌灵抗性菌株对 *N*-苯基氨基甲酸酯类杀菌剂敏感性的提高是由于等位基因 *MBc1HR* 所致[59]。

第四节　植物病原菌抗药性的主要类型

从前面我们可以看到，植物病原菌对杀菌剂的抗药性已有很多实例，并且还在不断增加。那么，为了研究的方便和更好地认识这一自然现象，把握它们的本质，可以把这些植物病原菌对杀菌剂抗药性的现象分为几种类型。这里分类的根据主要是杀菌剂的种类和抗性的基因背景。

越来越多的研究表明，植物病原菌对杀菌剂抗药性的产生与否、产生的快慢，在很大程度上取决于杀菌剂的种类，其次是杀菌剂的应用方法。对某些杀菌剂来说，它们很少出现抗药性问题，因此被称为危险性较低的杀菌剂(low-risk fungicide)。同样，还可以把很容易出现抗药性问题的杀菌剂称为危险性较高的杀菌剂(high-risk fungicide)，把介于二者之间的称为危险性中等的杀菌剂(moderate-risk fungicide)。

那么，同为杀菌剂，为什么有的容易出现抗药性问题，有的不容易出现抗药性问题？这其中的原因是什么呢？到目前为止的研究尚无法作出全面回答。但其中的部分原因是由于抗性的基因背景造成的，这一点是毫无疑问的。

在无机杀菌剂中，铜制剂被用于防治植物病害已经 100 多年了。但至今尚未出现抗药性问题。究其原因，人们发现这类杀菌剂的杀菌机制是多作用位点的。因而植物病原菌只有对多个作用位点的毒害作用都能抵抗，才能对该药剂产生抗药性。从基因背景的角度来说，就是要有多点基因突变来支配其对多个作用位点的毒害作用的抵抗。那么，这对植物病原菌，特别是对植物病原真菌来说并非易事。这可能是铜制剂所防治的植物病原菌很难对它产生抗性的重要原因。

对某些杀菌剂来说，病原菌对杀菌剂的敏感程度是由单一的主效基因控制的。这种情况在自然界中存在较少，但对产生抗药性却很有利，因为单基因突变就足以引起病原菌由敏感突然变成抗药类型。这类变化在野生植物病原菌种群中的分布是不连续的。在敏感型和抗药型之间没有中间类型，在遗传学上讲属于质量性状。因而，抗药性的产生是很快的，并且抗性水平可以是很高的，常常导致杀菌剂突然地完全失效。这种情况在植物病原菌对苯并咪唑类杀菌剂的抗性发展中曾经出现过。因此，这类抗药性对生产造成的危害是最大的。

植物病原菌除了对苯并咪唑类杀菌剂(benzimidazoles)的抗性容易出现上述情况以外，对其他类型的杀菌剂，如二甲酰亚胺类(carboxamides)、多抗霉素(polyoxin)、春雷霉素(kasugamycin)等也会出现很快发展出高抗菌株的现象。因此，在这个意义上讲，它们与苯并咪唑类同属一类杀菌剂。当然，并非所有植物病原菌对这些杀菌剂的抗性发展都服从上述规律，也有特例。

比上述情况更复杂的一种情况是：单基因的突变引起的敏感性下降是可测量的、微小的。而多个着生在不同位点上基因变化的相互作用，使抗性水平得以提高。这里敏感性的下降是渐变的、连续的，在敏感型和抗药型之间有中间类型，在遗传学上讲属于数量性状。因而，抗药性的产生不是很快的，抗性水平的提高是逐步实现的。因此，这类抗药性的危险性小于上述类型。另外，由于抗药性的产生会导致病原菌生存能力的下降，它们数量上在种群中占绝对优势的可能性非常小，因此很难引起对杀菌剂突然地完全失效。植物病原菌对多果定(dodine)、甾醇类化合物合成抑制剂等的抗性就属于这种类型。

除了上述两种类型，植物病原菌还对于相当一些杀菌剂可能很难产生抗药性。因为，对这些杀菌剂很难发展出相应的抗性基因。这种假设的主要证据是，到目前为止尚未发现它们对这些杀菌剂的抗性基因。但并非植物病原菌对这些杀菌剂在敏感性上毫无差别。然而,从表现型上分析,它们在敏感性上的差别并不是稳定遗传的。就是长期使用,植物病原菌对这些杀菌剂的敏感性仍呈连续变化,变化范围很大,如对铜制剂等。这种类型的杀菌剂对产生抗药性来说,危险性最小。

综上所述,根据杀菌剂的种类和对它们抗性的基因背景可以将植物病原菌对杀菌剂抗药性分成三种类型。首先是**高度危险型抗药性**(high-risk resistance),它所涉及的杀菌剂种类包括苯并咪唑类杀菌剂、二甲酰亚胺类杀菌剂、多抗霉素、春雷霉素等,它的基因背景一般是单个主效基因变异所引起的。其次是**中度危险型抗药性**(moderate-risk resistance),它所涉及的杀菌剂种类包括多果定、甾醇类化合物合成抑制剂等,它的基因背景一般是单基因或多个基因变异引起的。最后是**低度危险型抗药性**(low-risk resistance),它所涉及的杀菌剂种类主要是指铜制剂等很难出现抗药性问题的杀菌剂,目前尚未发现抗性菌株[60]。

然而,上述分类方法并非绝对的。例如,大多数植物病原菌对苯并咪唑类杀菌剂的抗药性属于第一种类型,高度危险型抗药性,但并不是所有植物病原菌对苯并咪唑类杀菌剂的抗药性都属于第一种类型。据作者观察,核盘菌对多菌灵的抗药性就不属于第一种类型,而属于第二种类型[13]。因此,它还需要在杀菌剂抗药性研究的发展过程中不断发展、完善、补充和修正。

上述分类方法除了可以帮助我们更好地认识杀菌剂抗药性这一自然现象,了解它的本质,在理论上有重要意义以外,还对正确估计和预见具体的抗药性问题将在生产上产生的危险程度,具有重要实践意义。

第二章　抗药性形成与发展的分子生物学

关于植物病原菌对抗杀菌剂药性的形成与发展，历来存在着争论。争论的焦点是杀菌剂这类化学分子在植物病原菌对杀菌剂抗药性的形成与发展过程中起什么作用的问题。本章将从杀菌剂对病原菌这类化学分子的作用机制入手，着重介绍关于植物病原菌对抗杀菌剂药性的形成与发展的不同论点，结合遗传学和分子生物学研究的新发展，对它们的理论意义进行探讨。

第一节　杀菌剂作用机制的分子生物学

杀菌剂对病原菌的作用机制(action mode of fungicides)与病原菌对抗杀菌剂药性的形成和发展关系密切。病原菌对抗杀菌剂药性就是对杀菌剂作用机制的破坏和抵制，病原菌对杀菌剂抗药性的形成和发展就是这种破坏和抵制能力的形成过程。这一过程的分子生物学机理是抗药性形成与发展的本质所在。了解杀菌剂对病原菌的作用机制，对于认识病原菌对抗杀菌剂药性的形成和发展的本质具有重要意义。不同类型的杀菌剂对病原菌的作用机制各不相同。它们分别作用于病原菌的物质代谢、能量代谢和信息代谢。下面就分门别类地介绍具体的杀菌剂对病原菌的作用机制。

一、苯并咪唑类杀菌剂对病原菌的作用机制

由于电子显微镜的应用，推动了人们对苯并咪唑类杀菌剂作用机制(action mode of benzimidazole)的认识和了解。通过观察苯来特和多菌灵对病原菌细胞作用过程，发现它们对真菌细胞的有丝分裂过程具有干扰破坏作用。例如，研究表明多菌灵能直接抑制构巢曲霉芽管细胞的有丝分裂。另外在药剂处理几个小时以后，就能观察到对 RNA 和 DNA 生物合成的抑制。这可能是有丝分裂受到抑制后的间接结果。由于生长的不同步性，细胞核数目的增加在有丝分裂的某些阶段会受到抑制，从而使 DNA 的生物合成逐渐减少。

细胞核中 DNA 的加倍现象说明有丝分裂的 G_1 期应该长于 G_2 期。当 G_1 期应该长，G_2 期短时，所有细胞核都能顺利通过 S 阶段，在多菌灵对有丝分裂产生抑制之前合成 DNA。如若不然 DNA 的合成将受到间接的抑制。

多菌灵对该菌 RNA 生物合成的抑制与其芽管的生长时期有关。在芽管生出并生长了 10h 的时候，RNA 的干重开始下降。但此刻 RNA 生物合成受抑制的程度轻于 DNA。在芽管生长了 16h 以后，RNA 生物合成受抑制的程度与 DNA 相

同。由此可见,DNA 合成受抑制并不一定直接导致对 RNA 生物合成的抑制。

研究还表明,多菌灵与微管蛋白的结合会导致对纺锤体形成的抑制。另外多菌灵对构巢曲霉的杀菌机制可能与该菌二倍体细胞核的不稳定性有关。通过显微镜观察,发现了不正常的染色质构型。在电子显微镜下,人们可以清楚地看到苯来特和多菌灵破坏真菌菌丝细胞超微结构的情景[61~63],例如,干扰破坏纺锤体的形成。

在甘蓝黄萎病菌(*Fusarium oxysporum*)上的观察也证实了多菌灵对 DNA 生物合成的抑制作用。当使用 3.5×10^{-6}mol/L 的多菌灵处理该菌时,处于 G_1 期的 DNA 合成能力下降。当使用 10×10^{-6}mol/L 的多菌灵处理该菌时,细胞核分裂被完全抑制。这些对 DNA 生物合成和有丝分裂的抑制作用可能与干扰磷代谢有关。

在灰霉病菌上的观察表明,多菌灵和苯来特对该菌菌丝细胞核的分裂有快速的抑制作用。药剂只要处理 5min,细胞核的分裂就开始受阻,表现为核分裂不完全、染色质结构畸形等。这项实验结果也证实了对细胞有丝分裂的抑制作用。

另外,上述破坏作用可能是由于该杀菌剂能够影响微管的形成和功能造成的。生物化学方面的研究证实了苯并咪唑类杀菌对微管形成的影响。人们在构巢曲霉菌丝的提取液中发现了一种能与多菌灵结合并被多菌灵抑制的蛋白质。从该蛋白质的生化特性上看,与微管蛋白非常相似。它能在 4℃的条件下与多菌灵迅速结合,并能被秋水仙碱等竞争抑制,它的电泳速度与哺乳动物微管蛋白的电泳速度相似[64]。多菌灵对构巢曲霉菌丝生长的抑制作用的大小与该杀菌剂对作用位点的亲和力强弱呈正相关。由于多菌灵对微管蛋白的特异性抑制,它们无法合成微管[65]。

多菌灵所抑制的微管蛋白对其他化合物的亲和力也很高,如噻菌灵。据观察,噻菌灵的作用位点与多菌灵的作用位点完全一样。由于扩展青霉对噻菌灵比构巢曲霉敏感,被用来比较对多菌灵和噻菌灵的解离常数(dissociation constant)。结果表明(表 2-1),噻菌灵对真菌杀菌作用的生化基础与多菌灵的相似。另外对其他许多种苯并咪唑类杀菌剂的杀菌作用生化基础的研究也表明,它们都对微管的形成有干扰破坏作用。

表 2-1 扩展青霉对不同药剂的敏感性和解离常数

杀菌剂	EC_{50}/(μmol/L)	解离常数/(μmol/L)[a]
噻菌灵	0.4	0.9±0.21(3)
多菌灵	0.7	34.0±15.40(4)

a. 解离常数值是重复实验的平均值,括号中的数字是重复实验的次数

微管系统在真核生物细胞中是普遍存在的,对不同真核生物细胞微管系统的研究表明,微管蛋白的氨基酸序列是具有很高保守性的[66]。而苯并咪唑类杀菌剂恰恰

对真核生物具有特异性抑制。多菌灵则对某些真菌具有很高的毒性。此外，它还对蚯蚓、水生植物、鱼类、甲壳类动物和植物病原线虫等具有较高毒性，特别是对甲壳类动物的生殖能力有明显的影响。但多菌灵对大多数高等植物和动物安全无毒。

对于构巢曲霉和青霉属菌种（*Penicillium* spp.）多菌灵抗性和敏感菌株的观察表明（表 2-2），多菌灵对这些菌株微管蛋白的亲和力明显不同。它对抗性菌株的亲和力小于对敏感菌株的亲和力。

表 2-2　多菌灵对构巢曲霉和青霉属菌种的抑制作用

菌株	类型	抑制作用（dpm ^{14}C 标记多菌灵/mL 细胞）
构巢曲霉 003	敏感菌	5640
构巢曲霉 168	敏感菌	12 200
构巢曲霉 R	抗性菌	320
短蜜青霉（*P. brevicompactum*）	敏感菌	4140
短蜜青霉	抗性菌	220
丛花青霉（*P. corymbiferum*）	敏感菌	2080
丛花青霉敏感菌	抗性菌	140

注：dpm 代表 disintegrations per minute

在酿酒酵母（*Saccharomyces cerevisiae*）微管蛋白功能的研究中，人们发现苯并咪唑类杀菌剂（如苯来特、多菌灵、噻菌灵等）能够与酵母菌的 β-微管蛋白结合，从而抑制微管的形成，破坏有丝分裂，起到杀菌作用[67]。

进一步的研究表明，抗性菌株的抗药性是由于微管蛋白对多菌灵亲和力的下降所致，而微管蛋白对多菌灵亲和力的下降又是由这个微管蛋白的结构基因所操纵。这个微管蛋白就是 β-微管蛋白，这个抗性基因就是 β-微管蛋白的结构基因。据观察，β-微管蛋白结构基因的变异能够导致 β-微管蛋白电泳性质的改变。在扩展青霉上的观察表明（表 2-3），微管蛋白对多菌灵亲和力的下降确实与它对多菌灵的敏感性有关。

表 2-3　多菌灵对扩展青霉微管蛋白的亲和力* 及 ED_{50}

菌株	ED_{50}/(μmol/L)	解离常数/(μmol/L)**
野生菌	0.40	0.9±0.21(3)
高度敏感菌	0.07	0.2±0.06(3)
抗性菌	2500.00	

* 所列菌株由 van Tuyl 分离和报道[68]；** 解离常数值是重复实验平均值，括号中的数字是重复次数

对许多真菌来说，其抗药性都与 β-微管蛋白结构基因变异有关。由这一单基因控制的抗药性的水平一般都很高。抗性水平提高的速度也很快。一次抗药性的提高就可能引起该类杀菌剂的完全失效。单基因控制的抗药性属于质量性状而并

非数量性状。这类遗传机制引起的抗药性在生产上危害极大。它还能够引起交互抗性，一旦植物病原菌对一种苯并咪唑类杀菌剂产生了抗药性，就会对其他苯并咪唑类杀菌剂也产生抗性。

通过深入研究植物病原菌对苯并咪唑类杀菌剂产生抗药性的分子生物学机制，人们逐渐发现，虽然β-微管蛋白结构基因在不同植物病原菌中相对保守，但其抗性突变却在多种植物病原菌中得到了证实。不仅如此，其突变在DNA分子的水平上很有规律可循。大多数植物病原菌都是由于个别碱基的变化而产生抗药性的。比较普遍的现象是在β-微管蛋白结构基因的第198个氨基酸的编码碱基发生变化。

然而，不同的植物病原菌的DNA分子突变又各有特点。在粗糙脉孢菌的抗性突变中，其β-微管蛋白结构基因的第198个氨基酸的编码碱基发生变化，导致原来所编码的甘氨酸变成了谷氨酸。在灰霉菌的抗性突变中，也是β-微管蛋白结构基因的第198个氨基酸的编码碱基发生了变化，然而所导致的是原来所编码的谷氨酸变成了丙氨酸。另外，苹果黑星病菌β-微管蛋白结构基因的第198个氨基酸的编码碱基所发生的变化，因抗药性水平的高低而不同。产生高水平抗性时，原来的谷氨酸变成丙氨酸；产生中等水平抗性时，原来的谷氨酸变成甘氨酸。

在粗糙脉孢菌的抗性突变中，由原来的甘氨酸变成了谷氨酸而产生抗药性。在灰霉菌的抗性突变中，由原来的谷氨酸变成了丙氨酸而产生抗药性。苹果黑星病菌由原来的谷氨酸变成丙氨酸或变成甘氨酸而产生抗药性。说明在不同的植物病原微生物中相同的氨基酸在β-微管蛋白中的生物学效应是有所不同的。

除了在第198个氨基酸基因序列发生突变以外，不同的植物病原菌还可在其他位置发生突变而产生抗药性。在构巢曲霉中，导致抗药性的基因突变发生在β-微管蛋白结构基因的benA上。在绒泡菌（*Physarum* spp.）中，引起抗药性的突变分别发生在4个基因位点上，它们分别是benA、benB、benC、benD。它们分别在单核和多核细胞中表达，其中benD的突变在两种细胞中都能引起抗药性的产生。在酵母菌中（*Saccharomyces*），导致抗药性的基因突变发生在β-微管蛋白结构基因——*TUB2*基因第241个氨基酸的编码上，原来的精氨酸变成了组氨酸。在另外一株苹果黑星病菌中，导致抗药性的基因突变发生在β-微管蛋白结构基因的第200个氨基酸的编码上，原来的苯丙氨酸变成了酪氨酸。

一般说来，不同微生物对苯并咪唑类杀菌剂产生抗药性的分子生物学机制，主要由β-微管蛋白结构基因上第196～202个氨基酸基因的突变所致。这类突变导致了β-微管蛋白的三维构象发生变化，从而阻止了药剂与β-微管蛋白的结合，使微生物产生抗药性。

另外，人们通过观察扩展青霉和构巢曲霉，发现微管蛋白对多菌灵亲和力的高低与这些菌对多菌灵敏感性的相关性还可以解释多菌灵对不同真菌的选择性。微管蛋白对多菌灵亲和力高的，则选择性强；微管蛋白对多菌灵亲和力低的，则选择性弱。观察还表明，对多菌灵具有不同敏感水平的构巢曲霉菌株之间，在吸收药量和对多菌灵的代谢等方面，没有明显差别。这更加说明微管蛋白对多菌灵亲和力的高低可能是决定菌株对多菌灵敏感性高低的主要原因。

尽管大多数植物病原菌对苯并咪唑类杀菌剂抗药性是由 β-微管蛋白结构基因突变所致，但是对小麦赤霉病菌(*Gibberella zeae*)β-微管蛋白结构基因分析研究表明，该菌对苯并咪唑类杀菌剂抗药性并不是 β-微管蛋白结构基因突变的结果。因此对小麦赤霉病菌来说，其抗药性的分子生物学机制还有待进一步研究[68]。

关于构巢曲霉的研究还表明，除了 β-微管蛋白的结构基因变异能引起抗药性产生以外，其他两个基因位点的变异也能引起抗药性产生，但抗性水平较低[69]。此外，关于植物病原菌对多菌灵抗药性的机制可能还有其他解释。例如，根据对灰霉菌、轮枝孢菌(*Verticillium malthousei*)、掷孢酵母(*Sporobolomyces roseus*)等的观察，它们对多菌灵吸收量的多少也确实影响着它们敏感性的高低[70~72]。

多菌灵对不同生物的选择性也与该杀菌剂与不同生物微管蛋白的亲和力不同有关。一系列的实验表明，植物细胞的微管蛋白与多菌灵的亲和力就极低，因此这种药剂对植物的毒性就非常之小[73,74]。与此相类似，通过观察哺乳动物脑细胞微管蛋白与多菌灵的亲和力，人们发现它们的亲和力也非常低，故该药剂对哺乳动物的毒性也非常小[75]。然而，多菌灵对哺乳动物的毒性不仅仅由微管蛋白与多菌灵的亲和力决定。在哺乳动物体内，多菌灵可以被迅速地羟化成 5-羟衍生物，然后以葡萄糖苷酸等物质的形式被排出体外[76]，就是说，哺乳动物对多菌灵有很强的解毒代谢能力。

真菌和哺乳动物细胞微管蛋白对多菌灵的亲和力不同，可能是由这两类生物的微管蛋白在结构上有细微差别所致。真菌的抗性菌株就是由于它们的微管蛋白在结构上有了细微的变化而产生抗性的。但这种在结构上的细微变化并不损害微管系统的正常功能。例如，真菌的生长率以及产孢能力都没有变化。

二、二甲酰亚胺类杀菌剂对病原菌的作用机制

关于二甲酰亚胺类杀菌剂对病原菌的作用机制(action mode of dicarboximides)，已经在生理、生化、分子生物学等方面进行了一系列研究。这些研究表明，这类杀菌剂分别对分生孢子的萌发和菌丝的生长具有抑制作用。此外，还能诱导芽管和菌丝顶端的不正常生长，例如，增加分枝、局部肿胀等，浓度高的时候以致胀裂。这些对外部形态的影响相对来说是显而易见的。但是，上述现象的分子生物学机制就不那么容易观察。到目前为止，人们对这方面的了解还处于开始阶段。已有的研究表明，二甲酰亚胺类杀菌剂对核酸、蛋白质和脂肪的合成有轻微影响，对呼吸作用和细胞分裂也有一定抑制作用。

对二甲酰亚胺类杀菌剂与芳烃类杀菌剂交互抗性的发现，为我们了解这类杀菌剂的作用机制提供了很大的帮助。对大毛霉(*Mucor mucedo*)和灰霉病菌观察

表明,二甲酰亚胺类杀菌剂对脂肪分子的过氧化反应过程有干扰作用。应用电子显微镜对大毛霉细胞所进行的观察表明,二甲酰亚胺类杀菌剂能够改变线粒体内膜和内质网膜的结构。由于大量的不饱和脂肪酸的存在,线粒体内膜对二甲酰亚胺类杀菌剂尤为敏感。此外,这类杀菌剂对菌丝生长的抑制和过氧化物分子形成的诱导可以用脂肪过氧化对抗剂(如 α-生育酚)来减轻。

三、硫代磷酸酯类杀菌剂对病原菌的作用机制

首先,以克瘟散(edifenphos)对禾谷镰孢菌(*Fusarium graminearum*)作用机制为例,介绍一下硫代磷酸酯类杀菌剂对病原菌的作用机制(action mode of phosphorothiolate),特别是该机制的分子生物学。低浓度克瘟散对该菌生长的抑制表现为菌丝长度和菌落半径增长的减慢。而高浓度(1mmol/L 或 1mmol/L 以上)克瘟散对植物病原菌的作用机制表现为对孢子萌发的抑制,例如,在构巢曲霉上的观察就证明了这一机制。在构巢曲霉上的观察还表明,该药剂对能够引起该菌菌丝的异常生长。但该药剂并不是对所有的病原菌都具有导致菌丝异常生长的作用,例如,对稻瘟病菌,该药剂就不引起菌丝异常生长。

另外,硫代磷酸酯类杀菌剂可能对脂肪分子的生物合成具有某种干扰作用,从而引起细胞膜通透性的改变[77]。对稻瘟净的研究也证实了这一点。稻瘟净选择性很强,只对稻瘟病菌有效。它主要是抑制磷脂酰乙醇胺分子向磷脂酰胆碱分子的转化。由于它在分子结构上与磷脂酰乙醇胺很相似,因此可以成为磷脂酰乙醇胺的代谢拮抗物。对禾谷镰孢菌来说,稻瘟散也可以减少磷脂酰胆碱的合成。另一个硫代磷酸酯类杀菌剂,异稻瘟净的作用机制与上述稻瘟净的作用机制也相似。因此这一作用可能是此类药剂的最初作用机制。

此外,对细胞壁形成的干扰可能是此类药剂的第二作用机制。

四、磷酰胺类杀菌剂对病原菌的作用机制

以定菌磷为例,介绍一下磷酰胺类杀菌剂对病原菌的作用机制(action mode of phosporothionate)。定菌磷主要作用机制的分子生物学是抑制真菌对氧分子的吸收。据观察,定菌磷在菌体内能够进一步转化成一种毒性更大的分子,6-乙氧基羰基-5-甲基吡唑基并[1,2a]嘧啶(pp),从而抑制真菌对氧分子的吸收。关于定菌灵是否抑制 DNA、RNA 和蛋白质分子的合成,目前还有不同意见。一些人认为定菌灵能抑制 DNA、RNA 和蛋白质分子的合成[78],而 de Waard 在稻瘟病菌上的观察中,却发现定菌灵对 DNA、RNA 和蛋白质的合成没有任何抑制作用[79]。因此,在这方面还需要进一步的探索和研究。在微生物的研究中,这类相互矛盾的实验结果比较常见。这是因为微生物特有的多样性造成的。这就要求我们在研究一种微生物的过程中,不能满足于 1 个菌株的观察结果,而需要尽可多地观察比较,以避免片面的结论。

五、乙膦铝对病原菌的作用机制

关于乙膦铝对病原菌的作用机制(action mode of fosetyl-Al)研究的也比较多。目前的研究已经开始进入分子生物学水平。关于乙膦铝作用的分子生物学有两种看法。第一种看法认为,它和其他大多数杀菌剂一样,是通过药剂分子直接作用于病原菌来杀菌的;第二种看法则认为,它和其他大多数杀菌剂不同,是通过直接作用于寄主植物,使之抗病力提高而间接作用于病原菌的。

支持第一种看法的证据是:在离体实验中,乙膦铝对疫霉菌属菌种(*Phytophthora* spp.)有很强的杀菌效果[80,81]。然而,其杀菌效果受到很多因素的影响。例如,培养基、磷酸的浓度等。以磷酸的浓度为例,当磷酸的浓度较高时,要有效地抑制疫霉菌属菌种的生长,需要浓度高于0.5g/L的乙膦铝;而当磷酸的浓度较低时,有效地抑制疫霉菌属菌种的生长,只需要0.01～0.10g/L的乙膦铝。另外,不同的菌种甚至相同菌种的不同菌株也可能对该药剂有不同的反应。例如,辣椒疫霉(*Phytophthora capsici*)的不同菌株间就对乙膦铝在敏感性方面表现出很大差别。

支持第二种看法的证据有:以低于直接处理疫霉菌属菌种有效浓度的乙膦铝处理该菌的寄主植物时,乙膦铝会非常有效地抑制该病原菌菌丝的生长。另外,在植物体内高浓度的磷酸对该药剂的杀菌效果没有降低的作用[81]。

进一步的研究表明,对隐地疫霉(*Phytophthora cryptogea*)的抑制作用与寄主植物(cowpea)体内的一种植物抗毒素(kievitone)的含量成正相关。但乙膦铝对寄主植物产生植物抗毒素并没有直接的诱导作用。观察表明,乙膦铝诱导寄主植物产生植物抗毒素必须在病原菌参与的时候才能发生。所以,很可能是乙膦铝诱导病原菌产生某种诱导性物质,然后这种物质再引起植物抗毒素在寄主植物体内产生,从而提高了寄主植物的抗病能力[82]。

从上述情况来看,两种机制可能都存在。然而有许多问题仍有待进一步研究。例如,乙膦铝在真菌细胞内的作用位点是什么?它是否对真菌细胞的代谢活动具有一般的或特殊的抑制作用等。总之,乙膦铝是一种作用机制比较特殊的杀菌剂。弄清它在分子生物学水平的杀菌机制,对于抗药性的研究将会有很大的帮助。

六、甾醇合成抑制剂对病原菌的作用机制

甾醇(sterol)是菌体细胞膜的一种组成成分。甾醇合成抑制剂(sterol biosynthesis inhibitor,SBI)的作用机制(action mode of sterol biosynthesis inhibitor)是影响甾醇分子的生物合成,从而破坏细胞膜的功能。这类杀菌剂已经发展了40个品种。根据它们的化学组成可以分成七类(表2-4)。根据它们作用的分子生物学机制又可以分为脱甲基化抑制剂和Δ^{14}还原酶、Δ^{8}-Δ^{7}异构化酶抑制剂两个部分。这类杀菌剂的大多数都是脱甲基化抑制剂,只有5种属于Δ^{14}还原酶、Δ^{8}-Δ^{7}异构化酶抑制剂。下面就分两个部分对它们的杀菌作的分子生物学机制进行简要介绍。

表 2-4 甾醇合成抑制剂的种类、生产厂家和出现年份

种类	名称	商品名称	生产厂家	年份	机制
吗啉	Dodemorph	Meltatox	BASF	1967	抑制 Δ^{14} 还原以及
	十三吗啉	Calixin	BASF	1969	Δ^{8}-Δ^{7} 异构化酶
	Aldimorph	Falimorph	CVEB	1980	
	丁苯吗啉	Corbel	BASF, Maag	1980	
Piperidines	Fenpropidin	Patrol	Maag	1986	
Piperazine	嗪氨灵	Funginex	Celamerck	1969	抑制脱甲基化酶
吡啶	粉病定	Denmert	Sumitomo	1975	
	Pyrifenox	Dorado	Maag	1986	
嘧啶	嘧菌醇		Eli Lilly	1970	
	双氯嘧菌醇	Rubigan	Eli Lilly	1975	
	Nuarimol	Trimidal	Eli Lilly	1975	
咪唑	抑霉力	Fungaflor	Janssen	1972	
	咪鲜安	Sportak	Schering	1977	
	Fenapanil	Sisthane	Rohm & Haas	1978	
	Triflumizole	Trifumine	Nippon Soda	1983	
	Pefurazoate	Healthied	Hokko	1990	
三唑	三氟苯唑	Persulon	Bayer	1973	
	粉锈宁	Bayleton	Bayer	1974	
	羟锈宁	Bayfian	Bayer	1977	
	百科	Baycor	Bayer	1979	
	苄氯三唑醇	Vigil	ICI	1979	
	乙环唑	Vanguard	Ciba-Geigy	1979	
	脱力特	Tilt	Ciba-Geigy	1979	
	吩咪唑	Impact	ICI	1983	
	Penconazole	Topas	Ciba-Geigy	1983	
	Flusilazo	Nustar	DuPont	1984	
	Myclobutanil	Systhane	Rohm & Haas	1984	
	Diniconazole	s-3308L	Sumitomo	1986	
	Tebuconazole	Folicur	Bayer	1986	
	Hexaconazole	Anvil	ICI	1986	
	Cyproconazole		Sandoz	1986	
	Imibenconazole	FH-6305	Hokko	1988	
	Difenoconazole	Score	Ciba-Geigy	1988	
	Fenbuoconazole	Tenere	Rohm & Haas	1988	
	Furoconazole		Rhone-Poulenc	1988	
	Tetraconazole	Eminent	Agrimont	1988	
	Bromuconazole	Granit	Rhone-Poulenc	1990	
	Epoxiconazole	Opus	BASF	1990	
		SSF-109	Shionogi	1990	
	Fluquinconazole	SN 597265	Schering	1992	
	Metconazole		Shell/Kureha	1992	

(一) 脱甲基作用抑制剂的作用机制(action mode of DMI)

在许多真菌中,主要的甾醇物质是麦角甾醇(ergosterol)。当然在某些真菌中(如霜霉菌、白粉菌和锈菌等),存在着其他甾醇物质[如 ergosta-5,24(28)-dienol 等]。在真菌中,甾醇物质的代谢途径的简化过程是:由乙酸的代谢产物(eburicol)经 14α-脱甲基化,Δ^{14}还原作用,Δ^{8}-Δ^{7}异构化作用,生成麦角甾醇。在这个过程中,出现的第一个甾醇类化合物是羊毛甾醇(lanosterol)。它经过多次转化才能生成麦角甾醇。这些转化过程之一就是 14α-脱甲基化。在这一脱甲基化过程中,甾醇 14α-脱甲基化酶催化了氧化脱甲基化反应,使 C14 位置上的甲基脱去。对这一过程的抑制是由于 P450 细胞色素中第 6 对位上的亚铁离子与甾醇合成抑制剂中氮杂茂部分的 N^3 或 N^4 原子形成复合物造成的。它们之间形成了复合物,使其正常的与羊毛甾醇等的结合受到了阻碍。脱甲基作用抑制剂对细胞色素 P450 的抑制不仅取决于对亚铁离子正常作用的干扰,而且取决于脱甲基作用抑制剂中 N1 部分对脱辅基蛋白的亲和力。另外,甾醇 14α-脱甲基作用对植物和哺乳动物的甾醇类生物合成也具有重要意义。脱甲基作用抑制剂对真菌和其他生物的选择作用是由于该抑制剂对这些生物脱甲基化酶的亲和力不同所致。这种质量上的选择性可能就是由于这类杀菌剂对脱辅基蛋白的亲和力不同。

上述抑制作用,导致了功能性甾醇类物质的短缺和羊毛甾醇等 14α-甲基甾醇类物质的过多积累。这些变化使膜的流动性发生了改变,因为 14α-甲基增加了甾醇类物质的厚度从而使甾醇类物质在膜的双层结构中不能正确地装配。这可能使膜的通透性增强。这些影响最终将对真菌的生长产生抑制。

(二) 吗啉的作用机制(action mode of morpholine)

吗啉类杀菌剂主要有两个化合物,十三吗啉(tridemorph)和丁苯吗啉(fenpropimorph)。

这类杀菌剂作用的分子生物学机制主要是抑制 Δ^{14}还原酶和 Δ^{8}-Δ^{7}异构化酶的正常催化作用。对这两种酶最初的抑制,均因化合物、真菌和真菌生长条件的不同而异。据报道,丁苯吗啉的另一个作用点可能是(角)鲨烯环氧酶[83]。

与脱甲基作用抑制剂相比,吗啉类杀菌剂抑制上述酶的作用对甾醇生物合成过程的破坏作用略小,因此吗啉类杀菌剂的杀菌作用也弱于脱甲基作用抑制剂。吗啉类杀菌剂抑制的几种酶在植物和哺乳动物体内也存在,然而为什么它能区分开真菌和植物、哺乳动物,其进一步的分子生物学机理还有待继续研究。

七、抗菌素类杀菌剂对病原菌的作用机制

自 1929 年发现青霉素和 1944 年发现链霉素以来,抗菌素已经发展到 2000 多种。抗菌素在医学上的应用带动了农用抗菌素类杀菌剂的研究。最早的农用抗菌

素类杀菌剂就是借用医用抗菌素的。例如，农霉素(agrimycin)和链土合剂(agrimycin 100)就分别是医用链霉素和医用链霉素与医用土霉素的混合制剂。20 世纪 40 年代美国、英国、苏联、日本等国曾经研制出毛霉素、抗霉素、灰霉素和放线菌酮等试用于农业生产上。但由于它们的高成本和防病性能不如化学合成农药而没有得到迅速发展。1963 年稻瘟散(blasticidin-s)在大面积防治稻瘟病上的成功，为农用抗菌素类杀菌剂的发展揭开了新的一页。当前农用抗菌素类杀菌剂的来源已从单纯的微生物产生的次级代谢物质，扩展到以微生物产生的生物活性物质为样板，进行人工合成或结构改造成为半人工合成的产物。甚至从微生物产生的生物活性物质扩展到动物或植物来源的生物活性物质。因此有人建议由抗生素代替抗菌素这一名称。

抗菌素类杀菌剂大部分具有内吸性能，还具有高效、选择性强的特点，兼有保护和治疗作用，生物降解速度快，对人、畜都很安全。下面就对几种常用的抗菌素类杀菌剂的作用机制(action mode of antibiotics)进行介绍。

(一) 稻瘟散的作用机制(action mode of blasticidin-s)

稻瘟散(也称灭瘟素)对病原菌的孢子形成、孢子萌发、菌丝发育都有抑制作用，特别是对菌丝生长的抑制作用更为明显。该药剂的杀菌作用的分子生物学机制主要是影响蛋白质分子的合成，它可抑制氨基酸的活化，从而减少结合到 t-RNA 上氨基酸的数量。稻瘟散除了对稻瘟病菌有防治效果以外，对多种细菌、其他真菌甚至病毒也有一定的防治效果。它对病毒作用的分子生物学机制可能是抑制与 TMV-RNA 的聚合作用有关的酶分子的合成。

(二) 春雷霉素的作用机制(action mode of kasugamycin)

春雷霉素(又称春日霉素、加收米)具有较强的内吸作用，它作用于植物病原菌的分子生物学机制是通过干扰氨基酸代谢的酯酶系统，影响蛋白质分子的合成，从而抑制菌丝的伸长并造成细胞的颗粒化。兼有保护和治疗作用，但以内吸治疗作用见长。它对孢子无杀伤作用。它除了防治稻瘟病以外，还对革兰氏阳性和阴性细菌有一定抑制作用。

(三) 井冈霉素的作用机制(action mode of jinggangmycin)

井冈霉素是由吸水链霉菌井冈变种产生的水溶性抗生素-葡萄糖苷类化合物，共有 A、B、C、D、E 和 F 六种组分。它们作用于植物病原菌的分子生物学机制主要表现为，它们能使水稻纹枯病菌菌丝产生异常分枝，其中以 A、E、F 三种组分使水稻纹枯病菌菌丝产生异常分枝的能力最强。它们可以很快被菌体细胞吸收并在菌体内传导，能干扰和抑制菌体细胞的正常生长发育，从而起到治疗植物病害的作用。这说明该抗菌素分子能通过诱导菌体的异常生长来杀菌治病的。因此它们必然要对菌体正常生长相关的基因、酶及代谢途径产生干扰。然而到目前为止这方面的研究报道还很少，有待于进一步研究探索。

（四）多氧霉素的作用机制(action mode of polyoxin)

多氧霉素(又称多抗霉素)是一类分别由可可链霉菌阿苏变种(*Streptomyces cacaoi* var. *asoensis*)和金色产色链霉菌(*Streptomyces aureochromogenes*)所产生的代谢物。它作用于植物病原菌的分子生物学机制是干扰病原菌细胞壁几丁质分子的生物合成。由于几丁质在保护病原菌细胞方面具有重要的作用，一旦病原菌的芽管和菌丝体接触该药剂后，便局部肿大、破裂，溢出细胞内含物，从而不能正常生长发育，以致死亡。它还能抑制病原菌产孢。它杀菌谱广，具有较好的内吸传导性。

（五）抗菌剂 402 的作用机制

抗菌剂 402(还称乙蒜素)是大蒜素的乙基同系物。杀菌谱广，种子处理效果好。它作用于植物病原菌的分子生物学机制是它的分子结构中 O═S—S—基团与菌体中含有—SH 的化合物反应，由于含有—SH 的化合物都是正常生理代谢过程中的重要物质，特别是含—SH 的酶类，从而抑制菌体的生理代谢，发挥其杀菌效果。

（六）公主岭霉素的作用机制

公主岭霉素(又称农抗 109)由不吸水链霉素分泌的脱水放线酮、异放线酮、制霉菌素、奈良霉素 B 和苯甲酸等组分混合而成，只有各组分协同作用时才能达到满意的杀菌效果。具有保护作用，兼有一定的内吸治疗作用，是种子消毒剂。

（七）抗菌霉素 120 的作用机制

抗菌霉素 120 由刺孢吸水链霉菌北京变种产生。其主要成分为 120B 类似下里霉素(harimycin)，次要成分为 120A 和 120C，类似潮霉素 B(hygromycin B)和星霉素(asteromycin)。其杀菌谱广，对病原菌的生长有强烈抑制作用。

第二节　杀菌剂与病原菌代谢活动的关系

根据前面所述，虽然不同类型的杀菌剂对不同的病原菌的作用机制各不相同。但归纳起来，杀菌剂不外乎是通过影响病原菌的物质代谢、能量代谢和信息代谢三者的统一来起杀菌作用的，因为对病原菌乃至所有生物来说，它们生命存在的本质就是物质代谢、能量代谢和信息代谢的统一。一旦这个统一被破坏，病原菌的生命就会受到威胁。对病原菌来说，虽然杀菌剂主要是通过影响病原菌的物质代谢和能量代谢两方面来破坏这个统一的，但是仍然存在着作用于信息代谢的作用机制。下面就从这三方面来分析一下杀菌剂对不同植物病原菌作用的分子生物学机制。

一、杀菌剂对病原菌物质代谢的影响

物质代谢是病原菌生命活动中最基本的代谢形式。它包括病原菌体内所有的

物质合成与分解过程。它在病原菌生命活动中的重要性不仅在于物质代谢本身，而且在于它是能量代谢和信息代谢的基础。从这个意义上讲，大多数杀菌剂的作用机制都与抑制物质代谢有关。

对物质代谢影响和抑制主要包括对蛋白质、脂肪、核酸、甾醇、磷脂酰胆碱、几丁质等分子的生物合成。在此基础上还可以影响微管、细胞壁等较为复杂的细胞结构的形成。

杀菌剂对蛋白质分子生物合成的影响包括直接和间接两种。杀菌剂对蛋白质分子生物合成的直接影响机理是很复杂的。下面就将杀菌剂对蛋白质分子生物合成直接影响的一些典型例子作一介绍(表 2-5)。

表 2-5　杀菌剂对病原菌蛋白质合成的直接影响

受抑制过程	药剂	作用菌	受影响成分
氨基酸活化	乙硫丁氨酸	梨黑星病菌	氨基酸
aa-tRNA	甲菌定 乙菌定	黄瓜白粉病菌 黄瓜白粉病菌	干扰磷酸吡哆醛酶，叶酸代谢和转氨基作用，阻止 aa-RNA 形成
aa-tRNA	刀豆氨酸	苹果黑星病菌	假 aa-tRNA，抑制果胶酶合成
阻止 fmet-tRNA 与核糖体结合	链霉素	苹果，梨火疫病	与30S 亚基作用(使 fmet-tRNA 留在 P 位，不上 A 位)，阻止多聚核糖体变为单核糖体
	春雷霉素	稻瘟病菌	与 40S 或 30S 小亚基结合
	放线菌酮	洋葱霜霉病和落叶松落叶病菌	与50S 或 60S 亚基结合，破坏其结构，阻止 fmet-tRNA 与核糖体结合
	氯硝胺 四环素	核盘菌，桑萎缩病和柑橘黄龙病原	与30S 小亚基结合对 70S,80S 亚基均有作用，70S 亚基更敏感
破坏 DNA 模板功能，阻止肽链伸长	放线菌素	多种真菌	与菌体 DNA 鸟嘌呤脱氧核苷以氢链相连形成复合物，影响转录，干扰 RNA 聚合酶沿 DNA 模板移动，影响 RNA 延长，导致核糖体无法分为单核糖体，不能再合成蛋白质
	稻瘟散	稻瘟病菌	阻止肽链转移
	放线菌酮	多种真菌	移位及转肽酶
密码错读	链霉素	细菌	30S 亚基 A 位点，认错密码，合成无功能蛋白
转肽酶	稻瘟散 链霉素 茴香菌素	稻瘟病菌 细菌 *Pseudomonas* sp.	作用于 60S 亚基

杀菌剂对蛋白质分子生物合成的间接影响可以通过影响核酸分子的生物合成、能量的生成来实现；另外某些氨基酸的类似物也会影响蛋白质的正常合成；对蛋白质分子生物合成过程中某些酶的活性进行抑制也能间接干扰蛋白质分子的生

物合成(inhibition to protein synthesis)。

关于杀菌剂对脂肪分子生物合成影响方面的研究还比较少。目前只有二甲酰亚胺类和硫代磷酸酯类杀菌剂对病原菌脂肪分子的生物合成有一定的影响。此外,还有些杀菌剂能够影响脂肪酸的分解代谢,例如对脂肪酸氧化的影响。在生物体内,脂肪酸氧化分为需氧氧化(α-氧化)和不需氧氧化(β-氧化)两种。与杀菌剂作用有关的是β-氧化。β-氧化整个过程均需乙酰辅酶A参加,如菌体内多碳的长链脂肪酸,在CoA-SH帮助下,通过β位碳原子的氧化(脱氢)而使其断裂。因此,凡作用于CoA-SH的杀菌剂如克菌丹、二氯萘醌和代森类都会阻碍脂肪酸的氧化过程。但目前还没有发现作用于脂肪酸氧化的专化性杀菌剂。

关于杀菌剂对核酸分子生物合成的影响(inhibition to nuclear acid synthesis)主要有下列几方面。

掺假核酸作用,某些杀菌剂与菌体内核酸碱基的化学结构很相似,因而在核酸形成的过程中,代替了核酸的碱基混进了核酸的分子结构,形成了所谓"掺假核酸"(pseudo-nuclear acid)。例如,苯来特(benomyl)、多菌灵(carbendazim)和噻菌灵(thiabendazole)这三种杀菌剂的分子结构都与嘌呤的分子结构相似,因而干扰了磷酸腺苷或磷酸鸟苷的合成,起到了"掺假核酸"的作用。

杀菌剂与形成碱基的组分结构相似,从而竞争性抑制干扰了核酸合成过程中某一个反应,使核酸合成不能完成。例如,6-氮杂尿嘧啶(6-azauracil)就是阻止了尿嘧啶合成过程中的尿嘧啶-6-甲酸核苷-5′-磷酸(乳清酸核苷-5′-磷酸)的作用,使病原菌嘧啶分子的生物合成受到影响。

杀菌剂通过影响病原菌叶酸合成而干扰核酸的合成,叶酸在核酸合成过程中起很重要作用。某些杀菌剂(如黄酰胺类化合物)就通过影响病原菌叶酸分子的合成而干扰核酸分子的合成的。黄酰胺类化合物(包括敌锈钠-对氨基苯磺酸钠)是叶酸代谢物的抑制剂,抑制嘌呤和嘧啶分子的生物合成,尤其是胸腺嘧啶的生物合成。敌锈钠的分子结构与病原菌叶酸分子结构中的对氨基苯甲酸部分相似,因而与对氨基苯甲酸争夺酶系统,阻碍了正常的叶酸合成。在正常情况下,对氨基苯甲酸是菌体的"生长物质",这种物质在菌体内的二氢叶酸合成酶的帮助下合成叶酸,而叶酸是促进蛋白质分子和核酸分子合成的必要物质。

甲菌定(dimethirimol)、乙菌定(ethirimol)这两种药剂都是叶酸代谢(甲基化)中作为醛缩酶辅酶的吡哆醛磷酸的抑制剂。甲菌定、乙菌定在结构上与吡哆醛磷酸相似,冒充了吡哆醛,使参与四氢叶酸代谢作用酶的活性受到抑制,从而干扰了叶酸传递过程中丝氨酸向甘氨酸的转化反应。

在生物体内不论是嘌呤还是胸腺嘧啶的生物合成,都需要N^5,N^{10}-亚甲基撑四氢叶酸(CH_2-THFA)作为辅酶,而CH_2-THFA在细胞内的一个重要来源在丝氨酸(磷酸吡哆醛存在时)转变为甘氨酸过程中从丝氨酸分子上获得一个"C"。甲菌定、乙菌定干扰CH_2-THFA的生成(inhibition to CH_2-THFA synthesis),结果阻碍了嘌呤和胸腺嘧啶的合成。

通过不同途径，影响核酸的聚合(inhibition to nuclear acid polymerization)。放线菌素 D(actinomycin D)、丝裂菌素 C(mitomycin C)都能影响病原菌 DNA 的生物活性。放线菌素 D 能与 DNA 的鸟嘌呤结合成复合物，它是在双螺旋碱基对之间，紧邻鸟嘌呤-胞嘧啶碱基对处嵌入氨基吩恶嗪核而形成的。放线菌素 D-DNA 复合物对依赖 DNA 的 RNA 聚合酶起抑制作用。

丝裂菌素是使模板 DNA 的鸟嘌呤和胞嘧啶联结形成桥架，使两条链不能分开，而使 DNA 起不到模板的作用。

另外，灰黄霉素(griseofulvin)除影响真菌细胞壁微纤维结构以外，也可以与真菌的 RNA 结合，形成稳定的复合物而影响核酸的合成。

杀菌剂对甾醇类生物合成的抑制，如前所述也是通过破坏病原菌的物质代谢来起到杀菌作用的(具体机制见**甾醇合成抑制剂对病原菌的作用机制**部分)。

杀菌剂对几丁质生物合成的抑制(inhibition to chitin synthesis)，也是破坏病原菌的物质代谢。在杀菌剂中通过这一途径杀菌的品种还很少，只有多氧霉素等具有这一杀菌机制。几丁质是真菌细胞壁的重要组分之一，是由 *N*-乙酰氨基葡萄糖通过 β-1，4 糖苷键结合而成的一种含 N 的多聚糖。多氧霉素能阻碍稻瘟病菌获得几丁质组分^{14}C-氨基葡萄糖，并有^{14}C-UDP-*N*-乙酰氨基葡萄糖的积累。有人认为多氧霉素与 UDP-*N*-乙酰氨基葡萄糖相似，因此与几丁质合成酶结合，起拮抗性阻碍，使正常的代谢不能继续进行。另外，稻瘟净、异稻瘟净和克瘟散也能抑制几丁质合成，但是作用点不同于多氧霉素。

杀菌剂对物质代谢的影响不仅表现在上述对各种重要化合物分子合成的抑制，还表现在对更复杂的细胞结构形成的抑制上，如杀菌剂对微管形成的抑制。杀菌剂对微管形成的抑制主要是通过与一种微管的亚单位微管蛋白结合，使之不正常地聚合形成微管。具有这种杀菌机制的有苯并咪唑类杀菌剂。

此外，有些杀菌剂还对细胞壁的合成有不同的影响。首先，可以通过溶解和破坏细胞壁组成的部分物质来影响细胞壁的形成；其次，可以通过抑制细胞壁附近的一些酶类(如糖酶)来影响细胞壁的形成(inhibition to cell wall synthesis)；另外还可以直接阻碍细胞壁的形成。细胞壁的形成受到阻碍会使真菌孢子芽管粗糙、末端膨大或扭曲异形、菌丝过度分枝，会使细菌的原生质裸露，继而瓦解。

细胞膜作为与物质代谢密切相关的细胞结构之一，也会受到某些杀菌剂的破坏。首先，膜上亚单位连接点的疏水键和金属桥可以被杀菌剂击断，使膜破裂；或膜上的脂质部分被杀菌剂中的饱和烃基侧键溶解，使膜上出现孔隙；或膜中的金属桥与某些杀菌剂形成络合物，使正常的金属桥受破坏，膜失去生理功能，导致细胞死亡。

其次，细胞膜上的一些酶会受到杀菌剂的影响。如有机磷化合物和铜、汞制剂。含铜、汞金属元素的化合物主要是由于阴离子的活力能与菌体内许多物质起反应，甚至直接沉淀蛋白质。其主要打击目标是细胞膜上与三磷酸腺苷水解酶有关的—SH,从而改变膜的透性。有机磷化合物多数是抑制酶活性。如对稻瘟病菌的毒力来说,以一硫代硫赶型最强,二硫代型次之,一硫代硫逐型最差。对异稻瘟净作用于稻瘟病菌的作用机理有过多种看法,近年来较多的人认为异稻瘟净作用于卵磷脂生物合成的特殊部位,即抑制卵磷脂生物合成过程中的转移甲基反应,实质是转移甲基酶受到该药剂的影响。卵磷脂占稻瘟病菌体内含量的一半以上,在离体条件下稻瘟菌的菌丝在 50μmol/L 异稻瘟净的作用下,卵磷脂转移甲基酶的活性半数受抑制,菌丝生长受抑制 50%;实验还证明,克瘟散(hinosan)也有同样的作用机制。

另外,除细胞壁、细胞膜以外,细胞内多种细胞器或其他结构也能受到杀菌剂的破坏。某些杀菌剂破坏菌体细胞器如线粒体、核糖体或其他细胞结构如纺锤体等,这些细胞器和细胞结构的破坏会导致深刻的、致命的细胞代谢的破坏。因此它们此时不仅干扰了病原菌物质代谢的正常进行,而且对病原菌能量代谢也间接地产生了深刻的影响。

二、杀菌剂对病原菌能量代谢的影响

杀菌剂对病原菌能量代谢(energy metabolism)的影响主要是对生物氧化的影响。人们知道,生物(包括植物病原菌)体内用以维持生命活动的能量主要来源于体内的糖、脂肪和蛋白质的生物氧化,即将储藏的在这些有机物中化学能转化为可以利用的生物能。杀菌剂对于能源的破坏主要是影响糖和脂肪的相关代谢。

植物病原菌在不同的生长阶段对能量的需求是不一样的。维持生长只需要一定的能量即可,但孢子萌发时,则需要大量能量(表 2-6)。当杀菌剂破坏了病原菌的呼吸作用这一产生能量的重要生物氧化过程时,能量供应将严重短缺,此时病原菌的孢子就无法萌发。可见能量的供应对孢子萌发是何等重要。

表 2-6　黑曲霉(*Aspergillus niger*)分生孢子萌发时代谢的变化

萌发过程/h 代谢变化	膨胀		芽管		
	0～3	3～6	6～9	18	菌丝 24
干重/[10^{-7}μg/(h・孢子)]	0	16	11.50		
总氮/[10^{-8}μg/(h・孢子)]	0	0.72	1.94		
蛋白质氮/[10^{-8}μg/(h・孢子)]	0	0	1.72		
丙氨酸合成/[10^{-7}μg/(h・孢子)]	0.12	0.50	1.10		
O_2 吸收/[10^{-7}μg/(h・孢子)]	0.19	1.90	8.80		
葡萄糖吸收/[10^{-7}μg/(h・孢子)]	1.00	1.90	8.60		
磷吸收/[10^{-8}μg/(h・孢子)]	0.43	1.00	1.60		
葡萄糖磷酸变位酶/(活性单位/40g 孢子物质)	0	0		15	58
磷酸己糖异构酶/(活性单位/40g 孢子物质)	0	0		41	
醛缩酶/(活性单位/40g 孢子物质)	0	0		1.51	11.88

能量的产生是一个复杂的分子生物学和生物化学过程，在细胞内，这一过程一般是在细胞质或线粒体内进行的，在真核生物细胞中主要是在线粒体内进行的。如果线粒体这个细胞器受到破坏，生物氧化的相关代谢则严重受阻，从而造成能量短缺。杀菌剂对植物病原菌不同能源物质生物氧化的影响有：对糖酵解的影响、对脂肪酸氧化的影响、对 TCA 循环的影响、对呼吸链电子传递的影响（包括对末端氧化的影响）和对氧化磷酸化的影响。

糖酵解是在细胞质中进行的。植物病原菌所生长的基质中的糖类很复杂，真菌的菌丝体又常常有外酶的生成，而植物病原菌分解多糖的酶类（如纤维素酶、淀粉酶、甘露聚糖酶、果胶酶、蔗糖酶等）一般对药剂不很敏感。因此目前人们认为，杀菌剂对糖酵解的影响是次要的，对糖酵解产生的影响的杀菌剂主要有：铜制剂、汞制剂、硫磺、克菌丹、百菌清等。

铜、汞制剂的作用是破坏植物病原菌的细胞膜，使一些金属离子，主要是 K^+ 向细胞膜外渗透。而病原菌糖酵解的过程中最重要的磷酸果糖激酶的活性是由 K^+ 来活化的。另外，丙酮酸激酶也需要 K^+ 作为辅助因子。因此，在这两类杀菌剂的作用下，这些激酶的活性受到破坏，从而使糖酵解受阻。

硫磺，据报道对糖酵解过程中的已糖激酶具有抑制作用。

克菌丹影响丙酮酸的脱羧作用。最典型的例子是棉铃红腐病菌（*Fusarium roseum*）经克菌丹处理后，细胞内有丙酮酸的积累而没有乙酰辅酶 A 的形成。但是克菌丹的作用点不是 HS-OCA，而是酶系统中的硫胺素焦磷酸（TPP）。TPP 是在丙酮酸脱羧转乙酰基过程中起作用的。而接受乙酰基只能以氧化态（TPP′）进行。所以如果其结构破坏则失去转乙酰基作用。

百菌清（chlorothalonil）的作用点是参与 3-磷酸甘油醛到 1，3-二磷酸甘油酸代谢过程的磷酸甘油醛脱氢酶。百菌清与磷酸甘油醛脱氢酶上的—SH 结合，生成一种复合物，从而使酶的活性丧失。百菌清对磷酸甘油醛脱氢酶活性的影响是非竞争性的。试验表明，5′，5-二硫撑-（2-硝基）苯甲酸可抑制百菌清 90％的作用，原因是该化合物可与磷酸甘油醛脱氢酶结合，而不受百菌清影响[78]。

对脂肪酸氧化的影响，脂肪酸氧化本身是一个物质代谢过程，然而由于它是呼吸作用中的一部分，所以它又是能量代谢的重要基础之一。从此可以看出，生命代谢活动的复杂性。对同一个代谢过程来说，它可能是只起物质代谢作用，也可能在其他代谢活动中同时起作用。在这里杀菌剂对脂肪酸氧化的影响就同时破坏了植物病原菌的物质代谢和能量代谢。

对三羧酸循环的影响，杀菌剂对三羧酸循环的影响可分为两个阶段。

第一阶段是对即将进入三羧酸循环之前的影响。在一些生物体内丙酮酸经丙酮酸脱羧酶的作用，并以 TPP 为辅酶的情况下形成乙醛，乙醛再进一步与辅酶 A 结合形成乙酰辅酶 A。在有些情况下乙酸可以代替乙醛与辅酶 A 结合，同样产生乙酰辅酶 A，以后则进入三羧酸循环。在进入之前，一些化合物，如对孢子形成有抑制作用的氟代乙酸,使三羧酸循环中顺乌头酸到异柠檬酸的代谢过程受阻。

第二阶段是直接作用于三羧酸循环中的某个环节。这类杀菌剂品种很多。例如,作用于柠檬酸合成酶的福美双、克菌丹、二氯萘醌;作用于乌头酸酶的有机硫代森类、8-羟基喹啉、氟代乙酸;作用于 α-酮戊二酸脱氢酶系的克菌丹;作用于琥珀酸脱氢酶系的硫磺、杀枯净等。

对呼吸链电子传递的影响,目前生物体内(包括植物病原菌)的呼吸链被分为4个部分:复合物Ⅰ、复合物Ⅱ、复合物Ⅲ和复合物Ⅳ。每个复合物都有杀菌剂或其他化合物的作用点。萎锈灵(carboxin)曾被认为影响植物病原菌物质代谢中的生物合成部分,20世纪70年代以后才明确,影响生物合成是后续的作用而不是该杀菌剂的真正作用点。萎锈灵与植物病原菌接触后,首先是破坏菌体内不同有机物的生物氧化,中毒的细胞中出现大量琥珀酸积累并出现线粒体膨胀和结构破坏的现象。试验指出,萎锈灵对线粒体的影响是在复合物Ⅱ中琥珀酸脱氢酶系到辅酶Q之间的非血红铁硫蛋白(FeSPP)亦称"旁路氧化酶"。萎锈灵可导致该酶的活性丧失。萎锈灵与非血红铁硫蛋白发生螯合作用,阻挡了此旁路与呼吸链的电子传递。

萎锈灵作用点的特异性很强,试验表明:①NADH氧化酶对萎锈灵相当不敏感,而且萎锈灵确实不会影响氧化磷酸化,即对复合物Ⅰ没有作用;②萎锈灵可进入担子菌和子囊菌的线粒体膜,但对某些担子菌很敏感,对子囊菌却不敏感,这说明药剂的选择性与透入线粒体的性能无关;③萎锈灵结构中的恶噻英环(oxathiin)发生改变对其毒性影响不大,而在苯胺基上再加一个苯基则大大地扩大了杀菌谱(但还不是广谱)。过去根据这三个实验结果推测,萎锈灵对生物具有的强选择性取决于非血红铁硫蛋白中的蛋白质结构。由于蛋白质结构稍有变化(不同种类真菌结构稍有不同),都会使萎锈灵产生选择作用。有人甚至认为氨基酸排列顺序的不同,对毒性都会产生明显影响。

据报道,复合物Ⅱ是呼吸链上线粒体膜上最简单的一个组分,含有大量磷脂(卵磷脂)和4种多肽化合物。人们认为,萎锈灵作用点的特异性与这4种多肽化合物有密切关系。这4种多肽化合物紧密地联结在一起形成一个复合物,其中较大的两种多肽被看作是其大小不同的两个亚基。在各个亚基中,又分别附着较小的两种多肽:$C_{Ⅱ\text{-}3}$和$C_{Ⅱ\text{-}4}$。萎锈灵的作用点不是复合物Ⅱ中的任何一个单纯组分,而是由还原酶体一部分与$C_{Ⅱ\text{-}3}$和$C_{Ⅱ\text{-}4}$以及一些磷脂组成的一个结合得很紧密的复合物,这个杀菌剂的结合位点显然是比较特别的,它使萎锈灵不可能在此点以外与呼吸链上任何其他部分结合。

敌克松(fenaminosulf)是专化性较强的杀菌剂,对腐霉菌属(*Pythium*)和丝囊菌属(*Aphanamyces*)的植物病原菌毒性特别强,但对丝核菌属(*Rhizoctonia*)毒性很弱。其选择毒性主要是由于微生物细胞膜透性的不同。敌克松较难透入丝核菌细胞膜,同时在这些微生物细胞内具有分解(在还原性辅酶Ⅰ存在的条件下)敌克松的代谢能力。

敌克松会强烈地抑制辅酶Ⅰ(NADH)与细胞色素c之间的电子传递。早在1962年Tolmsoff就指出:对腐霉菌属菌株NADH的合成,敌克松是一个有效的抑制剂,但它对琥珀酸的氧化却没有抑制作用,其作用点是呼吸链的NADH脱氢酶系复合体。这个结论后来被Schewe等的研究证实和发展。敌克松和NADH或FMN没有化学反应,它的主要作用点是NADH脱氢酶系的黄素还原部位。在酶的活性部位,敌克松能够和FMN形成一个酸不稳定复合体(acid-labile complex)。有人还指出,敌克松的毒性反应是其分子上的苯环插入NADH分子中的二氢吡啶环和黄素分子上的异咯嗪环之间形成共平面复合物的结果。

十三吗啉(tridemoph calixin)是一种用于防治禾谷类白粉病的内吸铲除剂。有证据表明,对电子传递的抑制作用并不是它的主要杀菌途径,事实上它是干扰植物病原菌甾醇类生物合成的杀菌剂。

过去把此杀菌剂看作是呼吸链抑制剂,是由于试验时用的是加工制剂而不是纯的十三吗啉。后来发现对呼吸链产生抑制的主要是制剂中的辅助剂。纯十三吗啉即使在高浓度下,对几种真菌的呼吸作用都没有抑制作用。

2-联苯酚(2-phenylphenol)是一种消毒剂和杀菌剂,已发现它能抑制细菌(*Rhodospirillum rubrum*)的呼吸作用,作用点是在呼吸链辅酶Q部位。对该菌膜碎片的NADH氧化的抑制达到一半时,要80μmol/L;而对琥珀酸氧化的抑制要达到同样的程度则需要360μmol/L的药剂。2-联苯酚还能抑制类胡萝卜素分子的生物合成,但对这个过程的影响明显地是在生物光合作用的情况下才能起到杀菌作用。

对氧化磷酸化的影响,由于氧化磷酸化是生物细胞内形成ATP的一种极为复杂的代谢过程,其机理至今还不完全清楚。杀菌剂对此代谢过程的影响也是一般推理,尚缺乏有力的论证。一般说来主要抑制可能包括两个方面,其一是由于化合物(杀菌剂)改变线粒体内膜的透性或其他目前尚不清楚的原因,消除了内膜的内外两侧原来形成的H^+浓度差和电位差,而阻碍能量的供应,如二硝基酚等;其二是直接影响ATP酶的活性,如砷、铜、汞制剂等。

另外,除了上述对植物病原菌物质、能量代谢产生影响的杀菌剂以外,还有些具有保护性机制的保护剂。它们作用机制的特点是:①在离体条件下,很少或没有杀菌活性,但应用到寄主植物上时可减少侵染或降低植物发病的程度;②这些化合物的活性表现在:a. 要在寄主植物体内才能转变成对植物病原菌有毒的物质,b. 影响植物病原菌的致病力,c. 影响寄主植物的抗病力,d. 干扰植物病原菌致病作用中的关键部分(如真菌毒素、酶的活性和酶的产物)和寄主植物抗病性的诱发剂。

能够影响植物病原菌致病力的有抗穿透化合物(antipenetratant compound)。人们知道,真菌植物病原菌致病必须穿透植物表面细胞壁表层,才能侵染下层组织,引起寄主发病。植物病原菌致病穿透植物表面细胞壁表层通常需要特殊的酶、机械压力或二者共同的作用。因而利用一些化合物影响植物病原菌穿透植物表面细胞壁表层的过程已成为植物病害化学防治一个重要途径和发展方向。当前研究最为成功的无真菌性保护剂是真菌黑色素生物合成抑制剂。黑色素生物合成抑制剂的抗穿透作用是基于干扰附着胞胞壁的黑色素化。黑色素化能使壁具有紧迫性并在穿透过程中建立对焦点的必要膨压。

黑色素生物合成抑制剂主要阻碍附着胞对植物表面细胞壁表层的穿透，但防病谱很窄，目前大多数只限于稻瘟病的防治；抑制剂Ⅳ、Ⅴ、Ⅵ还可以保护菜豆完整无损的组织，防治菜豆炭疽病菌(*Colletotrichum lindemuthianum*)的侵染，但对受伤组织的感染没有保护作用。抑制剂Ⅳ除用于防治稻瘟病外，亦可作为菜豆炭疽病菌和瓜类炭疽病菌(*C. lagenarium*)的抗穿透剂。

三环唑(tricyclazole)是第一个被认识的黑色素生物合成抑制剂，在黑色素生物合成的多聚羰基化合物(polyketide)途径中阻碍了1,3,8-三氢萘(1,3,8-trihydronaphthalene)到scytalone的转化。三环唑0.1～10μg/mL浓度虽不能抑制稻瘟病菌孢子萌发或附着胞的形成，但却能完全阻碍附着胞的黑色素化，防止病原菌侵入表皮细胞；而对照组黑色素化的附着胞则有80%～90%能穿透寄主表皮细胞壁，对于135～145nm聚苯烯甲醛薄膜，对照组有54%～77%稻瘟病菌附着胞能穿透，而经三环唑处理的只有2%以下的稻瘟病菌附着胞能穿透。

在使用三环唑防止稻瘟病时，施药必须非常及时，要在接种5h内施药才能获得理想的防治效果，如果迟了则完全无效。其原因可能是：①5h内黑色素生物合成已经完成，即稻瘟病菌已经侵入寄主；②有了黑色素的菌体细胞会阻止三环唑的透入。

能阻碍附着胞对寄主表皮细胞壁穿透的化合物还有角质酶抑制剂(cutinase inhibitor)。角质层是植物表皮细胞壁最外层，也是病原微生物进入植物表皮下组织必须穿过的屏障。因此对角质酶在病原微生物致病过程中所起的作用，以及抑制这种酶的产生，抑制其活性来防治植物病害的可能性已受到人们的重视。目前已有证据表明：病原菌的侵染可以由专化作用于角质酶而对离体病原菌无毒性的化合物所制止。例如，专化的角质酶抗血清或有效的角质酶抑制剂异丙氟(二异丙基氟代磷酸酯)和对氧磷(paraoxon)，在无杀菌活性的浓度(I_{50}低于1μmol/L)下，就能保护无损伤的豌豆上轴不受蚕豆根腐病菌(*Fusarium solani*)的侵染，也可使无损伤的木瓜果实不受柑橘炭疽病菌(*Colletotrichum gloeosporioides*)的侵染。有机磷杀菌剂稻瘟净和克瘟散在对离体的蚕豆根腐病菌的生长很少或没有抑制作用的浓度下，也可以保护豌豆组织免遭蚕豆根腐病菌的侵染，其活性比异丙氟和对氧磷要低些。

另外，苯来特的杀菌作用往往大于多菌灵，究其原因人们发现苯来特在转化为多菌灵的同时还生成异氰酸丁酯，而异氰酸丁酯对角质酶也可能具有抑制作用。

影响植物寄主抗病性的化合物有DDCC(2,2-dichloro-3,3-dimethylcyclopropone carboxylic acid，二氯二甲环丙羧酸)。它是一种对稻瘟病菌转化型极强的药剂，不能阻止病菌对稻株表皮细胞的穿透，而是促进侵染稻株细胞的防御性反应阻止侵入丝的发展。其原因是经药剂处理后的稻株中，在稻瘟菌侵入点周围的组织内积累了大量的植物保卫素 momilactones A 和 B。

DDCC 在水稻上的应用，明显地加强了寄主的抗病系统，但其促进侵染稻株细胞的防御性反应的具体机制还不清楚。

影响寄主抗病性的化合物还有赛瘟唑(probenazole)。它主要用于防治稻瘟病，但对水稻白叶枯病也有一定防治效果。此药在培养基上对菌丝生长和在玻片上对孢子萌发均不表现毒性，但在水稻叶鞘上对孢子萌发的影响十分明显。通过根部施药也观察到病菌的几个发育阶段，如分生孢子萌发、附着胞形成、芽管侵入、菌丝生长以及孢子形成等都会受影响。药剂在稻株内能维持相当长的药效。

使稻株提高对稻瘟病的抗性，被认为是赛瘟唑的主要作用机制。但这个化合物的专化作用点在寄主还是在病原菌上至今仍不清楚。有研究指出：药剂处理后能诱导稻株产生几种抗菌物质，其中主要的是 β-羟基-顺-9，反-11，顺-15-十八碳三烯亚麻酸(Ⅰ)和顺-9，反-12，顺-15-十八碳三烯亚麻酸(Ⅱ)，这些物质被认为对病原菌起到化学抑制作用；同时稻株经药剂处理后，一些酶如苯丙氨酸裂解酶和儿茶酚-*O*-二甲基转移酶的活性也提高了，使侵染点周围组织纤维屏障增强。实验还证明，经药剂处理的稻株组织受菌侵染后所形成的病斑很难扩展。

乙膦铝(fosetyl-Al)也被认为对寄主抗病性有所影响。它在植物组织中能降解为亚磷酸，这被认为是此药剂保护性的依据。乙膦铝还能激发植物坏死斑块反应，即使侵染点植物组织中有酚类物质的大量积累。事实上曾观察到斑块反应可以使病原菌在植物组织内的进一步扩展受到阻止。

三、杀菌剂对病原菌信息代谢的影响

由于植物病原菌不存在类似于高等动物的神经系统，杀菌剂对于植物病原菌信息代谢的影响主要表现在影响和破坏遗传信息的传递方面。例如，杀菌剂对核酸合成影响的本质就是破坏遗传信息的传递。

首先，苯来特、多菌灵和噻菌灵(thiabendazole)这三种药剂导致掺假核酸形成的作用，就是利用它们的结构都与嘌呤相似，因而干扰了磷酸腺苷或磷酸鸟苷的合成，最终使磷酸腺苷或磷酸鸟苷所应传递的遗传信息被中断。

其次，杀菌剂如 6-氮杂尿嘧啶(6-azauracil)阻止尿嘧啶合成过程中的尿嘧啶-6-甲酸核苷-5′-磷酸(乳清酸核苷-5′-磷酸)的作用，使病原菌嘧啶的生物合成受到影响，最终也使病原菌嘧啶碱基所担负的遗传信息传递的任务无法完成。

再次，杀菌剂通过影响病原菌叶酸而干扰核酸的合成也是这样。某些杀菌剂(如黄酰胺类化合物)通过影响病原菌叶酸的合成而干扰核酸的合成。黄酰胺类化合物(包括敌锈钠-对氨基苯磺酸钠)是叶酸代谢物的抑制剂，能抑制嘌呤和嘧啶的生物合成，尤其是胸腺嘧啶的生物合成。敌锈钠由于其分子结构与病原菌叶酸分子结构中的对氨基苯甲酸部分相似，因而与对氨基苯甲酸争夺酶系统，阻碍了正常的叶酸合成，从而阻碍了核酸合成。而它们对嘌呤和嘧啶乃至对核酸合成的阻碍，都将破坏它们在遗传信息传递过程中的作用。

最后，放线菌素 D(actinomycin D)、丝裂菌素(mitomycin C)由于都能影响病原菌 DNA 的生物活性，而干扰核酸的聚合。如放线菌素 D 能与 DNA 的鸟嘌呤结合成复合物，在双螺旋碱基对之间，紧邻鸟嘌呤-胞嘧啶碱基对处，嵌入氨基吩恶嗪核而形成，从而对依赖 DNA 的 RNA 聚合酶起抑制作用；而丝裂菌素是使模板 DNA 的鸟嘌呤和胞嘧啶联结形成桥架，使两条链不能分开，而使 DNA 起不到模板的作用。它们对核酸聚合的破坏，最终也会使核酸作为遗传信息载体的使命不能完成。

当然，杀菌剂对核酸生物合成的影响还有很多，在这里不一一列举。

第三节　抗药性形成发展的分子生物学

关于病原菌对杀菌剂抗性的形成与发展(resistance development)，长期以来由于对其分子生物学机制知之甚少，存在着比较激烈的争论。多数人认为病原菌在自然条件下，或多或少也会有突变个体的出现。在这些突变个体中，有一部分是有利于抗药性提高的。那么这种突变引起的抗性菌株能否成为生产上的问题呢？这就要取决于出现的突变体能否形成抗性种群，而抗性种群的形成与否，又主要取决于杀菌剂对病原菌的选择压力。也就是说，抗药性产生的原因主要是自然界产生的抗性突变体与杀菌剂选择压力的相互作用。杀菌剂的选择压力使病原菌自然种群中对杀菌剂敏感的个体逐渐减少，使抗性突变体在种群中所占的比例逐渐提高，从而形成抗性种群。在这里杀菌剂只起选择作用(selecting action)。抗性突变体的最初来源是自然突变。

这种理论长期以来是关于病原菌对杀菌剂抗性的形成与发展的根本解释，为大多数人所接受。然而，在人们对抗药性这一自然现象的认识过程中，上述理论逐渐显露出其局限性。人们知道生物的自然突变率是非常之低的。而在这些自然突变的个体中，其突变的方向是不定的。也就是说在这数目很少的自然突变个体中，只有其中的一部分可能是抗性突变体。但在自然界中人们观察到的事实，不论就其种类，还是就其发展速度都是无法从选择理论中获得圆满解释的。

另外，在抗药性问题研究不断深入的今天，特别是随着生物工程、分子生物学的飞速发展，人们开始发现，抗性突变体的最初来源不仅仅是自然突变。有些杀菌剂就可以直接作用于 DNA 或 RNA 的合成，直接引起病原菌的突变。例如，甲霜灵已经被证明是真正作用于华丽腐霉(*Pythium splendens*)的 DNA 合成和 *Pyxophthora megasperma* 的 RNA 合成的。

不仅如此，就是那些作用于某种蛋白质(如某种酶)的化合物也显示出导致细胞突变的威力。也就是说，由于某种蛋白质数量上的变化也会引起相应基因的变化，从而使可遗传的抗药性产生。这方面的证据是人们首先在动物上发现的。在研究生物(供试生物材料为小鼠和仓鼠细胞)对一种抗癌药物氨甲蝶呤的抗性形成与发展机制时，人们发现，鼠细胞对该药物产生抗性的原因是在氨甲蝶呤处理的作用下，诱导细胞大量增加了二氢叶酸还原酶的产生。

在正常情况下，应由二氢叶酸盐与二氢叶酸还原酶结合生成四氢叶酸盐，这一在DNA和蛋白质合成中，为产生关键性前体分子而进行的代谢所必需的物质。但由于氨甲蝶呤能够代替二氢叶酸盐与二氢叶酸还原酶牢固地结合，阻碍了四氢叶酸盐的生成，使细胞不能生长而死亡。当细胞内增加了大量二氢叶酸还原酶时，虽然培养基中任何一定浓度的氨甲蝶呤都会使酶受到抑制，但在细胞内，对应于一定浓度的药物还有剩余的酶，这些剩余的酶是游离的、不受抑制的，它们能使二氢叶酸盐转变成四氢叶酸盐。

那么细胞增加了大量二氢叶酸还原酶的机制又是什么呢？进一步研究表明，二氢叶酸还原酶的大量增加，是由于该酶的结构基因发生了相应的扩增，其扩增的多少与二氢叶酸还原酶增加的多少成正相关[84]。

在细菌对抗菌素抗性机制研究中，人们也发现了与上述基因扩增相类似的现象。由此发展起了一个称之为基因复增(gene duplication)的学说。在这里人们除了发现药剂的选择作用以外，同时还发现了它对抗药性形成的诱导作用，即药剂本身引起了抗性基因的复增。复增的基因可以转移到不同的染色体，也可以发生突变产生变异的酶或蛋白质，还可以进一步复增。

这样看来，杀菌剂在病原菌抗药性的形成与发展过程中不仅仅起选择作用，而且起一定的诱导作用(inducing action)。这些都表明遗传信息从蛋白质流向核酸的现象也是客观存在的。这是对已有选择学说的重要补充和发展，也是对中心法则的挑战，对于我们进一步深化对遗传变异规律的认识，发展现有理论具有重要意义。

根据新近的观察报道，蛋白质在遗传变异过程中的作用又有新的发现。尽管根据中心法则，遗传信息只能从核酸流向蛋白质。然而近年来的观察表明，遗传信息从蛋白质开始，最终得以复制和表达的证据越来越引起人们的关注。在这方面最让人瞩目的莫过于朊病毒的发现。朊病毒是由蛋白质组成的、比病毒更简单的微生物。然而它的致病作用已经说明蛋白质所携带的信息也可以让自身借助寄主的细胞物质实现增殖，引起寄主的病症。换言之，蛋白质作为另一种遗传物质在生物体内发挥其独特作用的功能日渐清晰。对蛋白质在生物遗传变异过程中作用的深入探索，必将极大地丰富现有遗传学理论，提高我们认识生物遗传现象本质的水平，推动遗传学、分子生物学产生突破性进展。

研究表明，蛋白质中的遗传信息并不一定源自核酸(DNA/RNA)。例如，多肽抗生素的生物合成就不需要核酸的编码，其肽链中氨基酸的序列是由特异的多酶体系所吸附的氨基酸序列决定的[85~87]。它的合成过程包括：肽链中氨基酸的序列和该肽链长度的确定，由多酶体系酶上氨基酸作用位点序列和位点数目所确定；氨基酸的连接和肽链的形成，在酶蛋白活化中心进行的转硫醇作用和转肽作用将氨基酸一个个地自N端连接上去。

此外，人们还发现在核酸的遗传信息翻译后的加工过程中，蛋白质对该遗传信息的修改甚至改造是非常惊人的，可以达到面目全非的程度。这说明蛋白质在肽链的形成过程中有其重要的、独立于核酸的决定作用。

这些现象都为药物直接引起抗性突变提供了更多新的、可能的解释。因为蛋白质相对于核酸更接近于环境因素的作用。以对抗癌药物氨甲蝶呤的抗性形成与发展过程为例，由于药物的存在，在细胞的代谢过程中便形成了对代谢药物酶（蛋白质）的需求。这种需求的持续存在，使酶的数量产生了扩增，从而造成了抗药性的产生。这样的抗药性形成的分子生物学机制与所观察到的抗药产生的表现非常吻合。但由于人们长期以来只把核酸当作遗传物质，否定蛋白质的遗传作用，致使这一客观存在的抗药性形成的分子生物学机制无法被认识，也阻碍了该领域理论的发展。然而蛋白质的遗传作用显然不同于核酸。应该说核酸的遗传作用保守性更强，而蛋白质的遗传作用是处于初级阶段的。相对于核酸遗传，蛋白质所决定的遗传特性更容易改变，因此它是连接环境与核酸的中间环节。

然而不能不承认，到目前为止关于蛋白质遗传的研究还很少。但已有的研究结果足以引起人们对抗药性的形成与发展问题的认识产生一次划时代的飞跃，足以引导我们开阔视野，摆脱现有理论的束缚，大胆探索，深入研究，从而发展现有理论，深化我们对抗药性形成与发展的分子生物学机制的认识。它不仅会推动对抗药性的形成与发展问题研究的深入发展，而且对遗传学乃至人类对生物进化认识的深化都具有深远的意义。

另外，到目前为止蛋白质遗传的研究很少的原因似乎并非自然界真面目所致。这与长期以来经典遗传学理论，如中心法则一类的论点的片面性束缚了许多人的思维不无关系。正如 Schimke 所指出的那样，生物中基因扩增的发生频率要比原来人们想像的高得多[84]，毫无疑问只要摆脱了现有理论片面性的束缚，大胆地、科学地对病原菌抗药性发展过程进行细致的观察，一定会有更多的有关蛋白质遗传和药物直接诱导抗药性产生的现象被发现，而且它可能是自然界中形成各种抗药性的重要基础之一。

综上所述，在病原菌对杀菌剂抗药性的形成和发展过程中，杀菌剂所起的作用应该包括选择和诱导两方面。抗性突变体的最初来源应该是自然突变和药剂的诱导，而蛋白质遗传正是病原菌对杀菌剂抗药性形成发展过程中药剂诱导作用的分子生物学机制之一。在病原菌对杀菌剂抗药性的形成和发展过程中，药剂的诱导作用可能更为重要。在杀菌剂发挥其选择作用时，其选择对象不仅包括自然突变和药剂诱导产生的抗性突变体，而且包括群体中个体间的抗性差异。这种差异常常是渐变的、连续的。当然，这样的认识还需要更深入研究来赋予更加细致入微的分子生物学理论解释，特别是通过对蛋白质遗传作用的深入了解，从遗传学角度加以解释。而这一客观要求的实现，又将为遗传学理论的发展提供新的内容和机会。

第四节　抗药性形成与发展的影响因素

影响抗药性的形成与发展的因素很多。归纳起来，主要有药剂种类及其作用机制、病害的种类、抗性突变体出现的频率及其对环境的适应性和药剂的实用技术方法四类。这些因素对于抗药性形成与发展的影响往往都不是孤立的。下面就对这些因素的影响规律做一简要介绍。

一、药剂种类及其作用机制

以铜制剂为代表的传统保护性杀菌剂使用了100多年，几乎没有遇到抗药性问题。大多数保护剂都被认为是一般的原生质毒剂，没有专化性，可作用于菌体活细胞内多种代谢过程，主要干扰能量的产生和蛋白质的合成的代谢过程。显然保护性杀菌剂的这些作用不是由单基因决定的，亦被称为多位点作用。因此，菌体要在多方面同时起变化才能抵抗这些抗药剂的作用，这当然不是一件容易的事，所以这类杀菌剂抗性出现的危险性很低，一般不会成为生产上的问题。与此相反，专化性强的选择性杀菌剂，如大多数内吸性杀菌剂的作用，是通过抑制病原菌专化酶的反应，而这些作用往往是由单基因控制的。一个基因的变异是相对容易的，因此这类药剂出现抗药性问题的危险性很大。现有资料还表明，凡作用于菌体核酸代谢和对菌体细胞分裂有影响的药剂都更容易导致抗药性的产生。有人认为，由于解毒作用或降低细胞膜的透性而降低对药剂的敏感性一般是很难导致高度抗性形成的。目前形成抗性危险性最大的药剂种类有：①苯并咪唑类，如苯来特、甲基托布津、多菌灵(镰刀菌、青霉菌和苹果黑星病菌等)；②乙酰基丙氨酸类，如瑞毒霉(叶部卵菌病害)；③二甲酰亚胺类，如扑海因、乙烯菌核利等(灰霉菌)(表2-7)。

表2-7　杀菌剂专化性和内吸性与抗药性产生及其危险性

杀菌剂	作用方式		抗性菌系的形成		药剂失效的危险性***
	专化	内吸	离体	在作物上	
铜制剂	—	—	—	—	十分低
二甲基二硫代氨基甲酸	—	—	—	—	十分低
盐	—	—	—	—	十分低
百菌清	—	—	—	—	十分低
酞酰替苯胺	—	—	+	+	低
有机汞化合物	+	—*	+	+	高
芳烃类	+	—	+	+	高
正丁胺	+	—*	+	+	中—高
二甲酰亚胺类	+	—	+	+	中

续表

杀菌剂	作用方式		抗性菌系的形成		药剂失效的危险性***
	专化	内吸	离体	在作物上	
多果定	+	—	+	+	中
有机锡	+	+	+	+	高
乙酰基丙氨酸类	+	+	+	+	高
CMBC 类	+	+	0**	+	高
甲菌定	+	+	0**	+	中
乙菌定	+	+	+	+	中
有机磷	+	+	+	+	低一中
苯氨基甲酰类	+	+	+	—	低
均氯嘧菌醇	+	+	+	—	低
氟氯嘧菌醇	+	+	+	—	低一中
咪唑类	+	+	+	—****	低
吗啉类	+	+	+	—****	低
三唑类	+	+	+	—	低
嗪胺类					

* Chloroneb 和 Procymidone 有内吸性；** 专性寄生菌的关系；*** 粗略估计危险性也与其他因素有关；**** 对此类药敏感性低的菌系已有报道

同类杀菌剂或作用机制相同的杀菌剂之间常常有交互抗性的关系，即抗这样种类药剂中的一种，也就可能该种类的其他药剂，其问题的本质是一个基因的改变会导致对多种杀菌剂的抗性。但是在少数例子中，一种突变可提高对某种杀菌剂的抗药性，而对另一种药剂反而更敏感，即产生负交互抗性。因此，深入了解交互抗性和负交互抗性，不论在杀菌剂作用机理的研究或在病害的药剂防治中都有重要意义。例如，抗有机锡的甜菜褐斑病菌（*Cercospora beticola*）的抗性菌株对寡霉素（oligomycin）也有抗性，进而说明有机锡类药剂对该病原菌的作用机制也是抑制氧化磷酸化作用。

另外，苯来特和甲基托布津表现交互抗性是众所周知的，所以在对抗苯来特病菌的防治上，甲基托布津是无效的。其次在预防抗性菌系出现时，交替使用不同种类的药剂或使用有负交互抗性关系的药剂，是很有效的。Georgopoulos 指出一个很重要的事实：有交互抗性的药剂间具有增效作用，两种或更多的这类药剂的混用，即使用较低的浓度，也可达到防治抗性菌的目的。这种增效作用的现象不但在成分相似的药剂中存在，在成分不同但有交互抗性的药剂间也观察到过，如异稻瘟净和富士一号之间就有这种现象[78]。

二、病害种类

大量的观察表明，病原菌的不同在产生抗药性的难易程度方面确实存在差异。尽管这些差异背后的规律尚不明确。到目前为止，所观察到的现象表明：凡是生长速度快、孢子产量大、孢子容易分散的病原菌，如白粉菌、青霉菌、灰霉菌、疫霉菌、霜霉菌、桃褐腐病菌、甜菜褐斑病菌、苹果黑星病菌等，都容易形成抗药性；而在植株内部或在土壤中的病原菌，如萎蔫类病菌、根茎基腐病菌和需要大量孢子接种才能致病的病菌，如小麦眼斑病，则不易形成抗药性。

在以往的报道中，白粉菌、灰霉菌、苹果黑星病菌、核盘菌、一些细菌等确实产生抗药性的频率高于其他植物病原菌，产生抗药性的范围也大于其他植物病原菌。这虽然可能受到我们观察和研究的局限所影响，但它们产生的抗药性在频率和范围两方面都不同于其他植物病原菌本身就证明了植物病原菌之间在抗药性方面产生的差异。

这种差异首先来自它们遗传背景的不同，其次才是药剂作用和环境的影响。究其原因，可能与病原菌决定生长周期的长短基因有关，生长周期越短、繁殖速度越快，越有利于抗药性的产生和发展。当然这些仅仅是原因的一部分。这一领域需要进一步理清的问题还有很多。例如，植物病原菌对杀菌的抗药性相关基因究竟有多少？它们的表达规律有哪些？它们所影响的代谢属于哪些类型等。

三、抗性突变体出现的频率及其对环境的适应性

一般来说，出现的频率为 10^{-3}～10^{-5} 的抗性突变体容易在实际生产中出现抗药性问题，低的则不易。抗性突变体的出现频率当然是取决于病菌的特性，但也与所使用杀菌剂的种类有关。多作用位点的杀菌剂不容易引致抗药性的产生，而专化性的药剂则容易。同时必须指出，即使同样是专化性的内吸剂，对同一种植物病原菌导致的突变体出现频率也不同。例如，稻瘟病菌抗春雷霉素突变体的出现频率为 10^{-5}，在田间曾出现了抗性菌系，而抗苯并咪唑类杀菌剂的突变体频率为 10^{-7}，因此难以出现抗性菌系。由此可见，抗性菌系的形成最终要取决于病原菌/药剂的体系。尤其值得注意的是，即使会有抗性菌系的形成，还不等于说在田间会出现抗药性问题，因为这还取决于：①抗性菌对环境的生存适应力，即与敏感菌竞争生存的能力；②抗性菌的致病力（包括毒力和孢子形成能力）。甾醇合成抑制剂不会在田间引致严重的抗药性问题，就是由于其造成抗性突变体的生命力弱，难以形成抗性群体；但也有资料表明，实际情况并不完全如此，20 世纪 80 年代后已发现：①扩展青霉和柑橘青霉已出现具有正常致病力的抗性突变体；②同样抗药性突变体过去有效的浓度现在已不再有效了；③有些白粉菌对粉锈宁的耐药力越来越大。一些二甲酰亚胺类杀菌剂对灰霉病菌不会引致抗性群体的形成，是由于抗性

突变体形成孢子能力很弱，可能毒性（致病力）也弱。也有些报道指出，这些抗性突变体的过冬能力也弱。

了解一种抗性突变体的生命力和致病力的另一个意义是：如果适应环境的能力，即与敏感菌竞争生存的能力较弱的话，即使在生产上造成抗药性，也是暂时的，只要停止用药一段时间（1～2 年或更长些）则可很快地缓解抗药性，即可重新使用原来的药剂防治该病害。例如，稻瘟病/春雷霉素这个体系，就可采用暂时停止使用该药剂的办法来克服抗药性问题。

四、药剂的使用技术和方法

从抗药性导致病害防治失败的实例中可以看出，凡是在一个较大的地区内连续使用单一或属于单一交互抗药类群的专化性强的选择性杀菌剂，往往都会促进该地区抗性种群的形成。一般来说，施用高剂量杀菌剂，将会减少抗性突变体出现的比率，或者甚至于防止抗药性种群的形成。但必须指出，这只适用较低水平抗药性的突变体，如果突变体是高度抗药的，则高浓度的药剂反而会使抗药性群体形成更快，给生产带来损失。另外，如果抗药菌系已经出现，频繁地使用高剂量的同一杀菌剂，即保持一个高的选择压力，也有利于抗性菌群体的形成。

杀菌剂的土壤处理方法，对杀菌剂来说要比其他使用方法更容易产生抗药性。这虽然已是多年的观察结果，但至今尚无比较合理的解释。

第三章　抗药性机制的分子生物学

抗药性的机制(resistance mechanism)和原理是抗药现象的本质所在。要真正认识和深入了解抗药现象,必须研究抗药性的机制和原理,深入到分子水平,对抗药性的机制进行本质的解释。那么什么是抗药性的机制和原理呢? 换言之,什么原因导致了抗药现象的出现呢? 经过长期的探索,人们发现抗药现象在病原菌上的内在原因是它们对药剂吸收过程的变化,药剂作用点的变化以及它们的一系列代谢途径和在这些代谢途径中起重要作用的酶类物质的变化。所有这些变化都是病原菌对杀菌剂在分子水平上抗药的生理机制所在。而这些抗药性生理机制的分子生物学变化又必须受病原菌体内遗传物质的调解和支配,在这一层次上抗药现象还必然有其遗传机制。

下面就对病原菌从杀菌剂抗药性的生理机制和遗传机制两个方面的分子生物学分别加以介绍。

第一节　抗药性生理机制的分子生物学

一、抗药性生理机制的主要类型

植物病原菌对杀菌剂抗药性的生理机制多种多样。不同的病原菌对不同的杀菌剂的抗性机制往往不同。有的抗性机制简单,有的抗性机制较复杂。下面先概括地将抗药性生理机制的主要类型介绍一下。

(一) 对杀菌剂通透力的下降

病原菌细胞膜通透性的改变,可以导致杀菌剂不能进入病原菌而达不到其作用位点,从而杀菌剂无法发挥其杀菌作用。这也可以被看作是病原菌自我保护机制的增强,从而表现为它们抗药能力的提高。例如,稻瘟菌对稻瘟散的抗药性就属于这种情况。由于稻瘟菌原生质膜通透性的改变,使稻瘟散无法达到其作用点,即蛋白质合成部位,从而使稻瘟散不能发挥其抑制蛋白质合成的作用。

(二) 提高对杀菌剂的钝化能力

某些病原菌可以把进入体内的杀菌剂转化为毒力较低的化学物质,从而使杀菌剂对它的毒性降低。也就是通过部分的解毒代谢,来提高其抗药能力。例如,尖镰孢菌(*Fusarium oxysporum*)对五氯硝基苯的抗性就通过提高它对五氯硝基苯的钝化能力来实现的。它能使五氯硝基苯代谢成为毒力很低的五氯苯胺和五氯苯硫基甲烷,从而使五氯硝基苯对尖镰孢菌的防治作用大大降低,表现为该菌对五氯硝基苯抗药性的提高。

（三）降低转毒能力

有一些杀菌剂是通过在菌体内进行转毒代谢生成对菌体有毒的物质来毒杀病原菌的。例如，6-氮杂尿嘧啶就需要在菌体内转化成 6-氮杂尿苷-5′-磷酸才能对病原菌产生毒杀作用。而抗 6-氮杂尿嘧啶的瓜枝孢菌(*Cladosporium cumerinum*)，就是由于降低了它把 6-氮杂尿嘧啶转化成 6-氮杂尿苷-5′-磷酸的能力来提高其抗药性的。

（四）降低杀菌剂与其作用点的亲和力

病原菌可以改变自身杀菌剂作用点的结构等，使杀菌剂对该作用点的亲和力(affinity of action site)下降，从而使杀菌剂无法发挥其杀菌作用。例如，构巢曲霉对多菌灵的抗性就有这种机制。多菌灵对构巢曲霉的作用点是该菌细胞中的 β-微管蛋白(β-tubulin)，而抗多菌灵的构巢曲霉就通过使其细胞中的 β-微管蛋白的结构发生细微变化，从而降低了多菌灵对 β-微管蛋白的亲和力(affinity to β-tubulin)，使多菌灵对构巢曲霉的毒杀作用不能充分发挥。

此外灰霉菌、酵母菌、苹果黑星病菌等病原菌的抗药性也是通过作用点 β-微管蛋白的结构发生细微变化，从而降低了多菌灵对它们的 β-微管蛋白的亲和力而产生。

（五）形成保护性代谢途径

所谓形成保护性代谢途径，就是改变原代谢途径中的某一环节，使药剂不能通过作用点，从而避免药剂的杀菌作用。例如，玉蜀黍黑粉菌对抗霉素 A 的抗性机制就属于这种情况。抗霉素 A 是作用于呼吸链中、细胞色素 c 间电子传递的，而对抗霉素 A 有抗性的玉蜀黍黑粉菌菌株改变了呼吸链中细胞色素 b、c 间电子传递前的一段代谢环节，在细胞色素 b 前面改用了另一个旁路的末端氧化酶。从而使抗霉素 A 无法对病原菌产生杀菌作用，使病原菌产生抗性。

（六）去毒性

这是一种完全解毒代谢。病原菌在其体内可以通过一系列代谢过程将有毒的杀菌剂转化成无毒物质，从而使杀菌剂失去杀菌作用。例如，*N*-phynylphosphoramidate(一种含氮的有机磷化合物)，它本来对稻瘟菌有毒，但有些抗性菌系可以把它的分子结构改变，从而使该杀菌剂由有毒物质转化为无毒物质，使它对稻瘟菌的抗性菌系完全失去防治效果。

（七）高速排泄杀菌剂

有些病原菌虽然能吸收大量的杀菌剂进入体内，但由于吸收后能够很快将这些杀菌剂排出体外，病原菌并不会中毒。在对构巢曲霉的观察中就发现了这种机制。该菌的敏感菌和抗性菌株均能吸收氯苯嘧啶醇(fenarimol)和抑霉唑(imazalil)分子，然而敏感菌和抗性菌体内药物分子的含量却不同。经进一步观察，发现两种菌体内药物的含量不同是它们对上述杀菌剂的排泄速度不同所致。抗性菌由于有足够的能量支持其排泄作用，其排泄速度快于敏感菌，从而使药剂分子在与作用位点结合之前就被排泄出菌体以外，使病原菌具有较高的抗药性。

二、不同病原菌对杀菌剂的抗性机制

（一）不同病原菌对多菌灵的抗性机制

不同病原菌对多菌灵抗性的最主要机制是病原菌的β-微管蛋白分子与多菌灵分子的结合力下降。大家知道，多菌灵之所以能够杀菌主要是靠与病原菌的β-微管蛋白结合，使之无法正常地合成微管，间接地影响细胞分裂。那么由于抗性病原菌的β-微管蛋白发生了微小的变化，使之与多菌灵的亲和力下降，多菌灵无法与其作用点结合，也就不能发挥它的杀菌作用了。例如，梨黑星病菌的抗性菌株，多菌灵对其β-微管蛋白的结合能力就明显下降，下降的程度与抗性提高的程度具有很好的相关性。又如，黑麦喙孢菌（*Rhynchosporium secalis*），该菌能够引起大麦云纹斑病。非细胞提取物与^{14}C-多菌灵亲和性试验表明，其抗性菌株与敏感菌株相比，β-微管蛋白与多菌灵的结合能力明显降低。

对构巢曲霉来说，其β-微管蛋白对多菌灵的结合能力降低也是产生抗性的主要机制。据观察，多菌灵对该菌菌丝生长抑制作用的大小与该菌β-微管蛋白对多菌灵亲和力的大小呈正相关。例如，敏感菌株β-微管蛋白对多菌灵结合常数为4.5×10^5，而抗性菌株的只有3.7×10^4，当变异菌株对多菌灵的敏感性增强时，其β-微管蛋白对多菌灵的结合常数上升为1.6×10^6。这间接地证明了该菌对多菌灵的抗性机理所在[64]。

对灰霉菌抗性菌株和敏感菌株的观察表明，二者在分生孢子萌发、菌丝的生长、分生孢子和菌核的产生、致病力等方面并无明显差异[88]。这很容易使抗性菌在种群中迅速发展，从而在生产上引起严重危害。但对核盘菌来说，抗性菌株与敏感菌株在对某些寄主的致病力方面有所不同。通过观察核盘菌抗性菌株与敏感菌株对油菜、大豆和亚麻三种寄主的致病力（接种 24h 后，在茎部引起病斑的长度），发现抗性菌株在油菜、大豆茎部引起病斑的长度明显小于敏感菌株。只有在亚麻茎部二者引起病斑的长度没有明显差别（表 3-1）。可见不同病原菌之间在抗药性与致病力的关系上表现是有所不同的。那么像核盘菌对油菜和大豆这种类型往往不容易在生产上引起严重危害[89]。

表 3-1　核盘菌抗性与敏感菌株在各寄主茎部引起病斑长度

寄主	重复次数	引起病斑长度的平均数/mm	
		敏感菌株	抗性菌株
油菜	6	47.2	29.0
大豆	6	27.0	15.3
亚麻	6	60.0	59.8
LSD		4.3	

注：LSD-显著差异最小值（$P<0.05$，df=30）

另外，抗性菌株的出现频率分布在不同菌种之间差别也很大。例如，对灰霉菌来说，绝大多数抗性菌株都是高抗型的；对梨黑星病菌来说，中抗或弱抗菌株的出现频率与高抗和敏感菌株一样高。

关于室内和田间病原菌的抗性稳定性因采菌的方法不同而异。例如，通过单子囊孢子分离的灰霉菌抗性菌株，其抗性很稳定，即使是在没有多菌灵存在的条件下也能稳定的遗传。但是通过发病组织分离到的抗性菌，其抗性就不稳定。另外单孢分离到的梨黑星病菌抗性菌的抗性也很稳定，在长期不接触多菌灵的情况下抗性稳定存在。抗性菌株的生存能力也很强，甚至超过敏感菌的生存能力。据观察，梨黑星病菌抗性菌在停止使用多菌灵 4 年以后，仍然在果园中顽强地生存着[90]。

除上述主要抗药性机制以外，研究还表明病原菌对多菌灵吸收量的下降也是抗性产生的原因之一。对掷孢酵母的观察结果就证实了这一点，敏感菌株对多菌灵的吸收量比抗性菌株高出 5 倍，这可能是由于抗性菌株细胞膜对多菌灵的通透性下降所致[57]。

（二）不同病原菌对三唑醇(triadimenol)的抗性机制

1. 粗糙脉孢霉对三唑醇的抗性机制

麦角甾醇(ergosterol)是真菌必要的生命物质，通过对脉孢霉抗性突变体和敏感菌株的比较，在分子水平上探讨了该菌对三唑醇的抗性机制。将上述抗性突变体和敏感菌株在含有不同浓度三唑醇液体培养基中振荡培养，并且加入麦角甾醇生物合成的起始物^{14}C-乙酸，3 天后在液氮条件下用甲醇-氯仿提取甾醇类物质。经薄层层析和定量分析麦角甾醇及其前体甲基甾醇，结果表明，敏感菌株麦角甾醇生物合成量随药剂浓度增加而明显减少，而甲基甾醇则在菌体中积累。抗性菌株体内甾醇含量变化受药剂浓度的这种影响则明显少得多。说明三唑醇在麦角甾醇生物合成途径中阻止了去甲基化过程。

抗性菌株和敏感菌株分别在含 2.5μg/mL 三唑醇培养基中培养 3 天后，用乙醇-KOH 提取甾醇类物质，经 GC-MS 分析各种成分及其含量，结果表明，药剂处理后菌体内麦角甾醇、Fecosterol 和 24(28)三甾醇等去甲基甾醇类物质含量显著下降，而抗性菌株下降程度较小。相反，敏感菌株受处理后，甲基、二甲基、特别是^{14}C-甲基甾醇类物质显著积累，而抗性菌的积累程度只是敏感菌的 60%～70%。

抗性菌株麦角甾醇生物合成受药剂抑制较小的原因是菌体能够很快将药剂排出体外。研究结果表明，抗性菌株对^{3}H-三唑醇的吸收在 20min 时达到高峰，然后开始排出体外。而敏感菌株在 40min 时才达到吸收高峰。药剂在敏感菌体内的积累明显高于抗性菌株。

2. 玉米黑粉菌对三唑醇的抗性机制

利用玉米黑粉菌[*Ustilago zeae* (Beckm) Unger＝*U. maydis* (DC.) Corda]缺

乏 14α-去甲基酶活性的麦角甾醇营养缺陷型研究表明，该菌株在酵母膏牛肉汁培养基上生长正常，但缺乏甾醇类物质的 Vogel's 合成培养基上几乎不能生长。加入纯化的 Δ^8 胆固醇无活化作用，三唑醇对该菌株也无抑制作用。延长在 Vogel's 合成培养基上培养，并不断转移培养，该菌株能完全恢复生长速度，但仅部分恢复对三唑醇的敏感性。对菌体甾醇类物质成分的分析表明 Δ^7 甾醇的生物合成与恢复生长有关(表 3-2)。

表 3-2　玉米黑粉病菌株(Erg40)转代培养体内甾醇类物质含量

甾醇类物质	占甾醇类物质总量的百分比/%		
	第一代	第三代	第十七代
Ergosta-7-enol			37
Ergosterol			1
Ergosta-7			45
14 α-Methylfecosterol	12	72	
Obtusifoliol	18	9	
Eburicol	58	10	2
Other sterol	12	9	15

(三) 水稻白叶枯病原菌对噻唑类杀菌剂的抗性机制

将水稻白叶枯病原菌日本菌株 JXOⅠ、JXOⅢ、JXOⅤ和我国的野生型强毒菌株 8173、低毒菌株 LN02 在离体条件下进行生长抑制试验。所测药剂为噻唑类杀菌剂叶青双、敌枯唑、拌种灵和三环唑等。结果均表现敏感。菌株之间对药剂的敏感程度没有差异。而上述日本菌株与致病性有关的基因被插入后所形成的无毒菌株 XCOM1103、XCOM1104、XCOM1107、XCOM3105 和 XCOM5103 则对测试的上述噻唑类杀菌剂均表现出较强的抗性。这种抗药性与利福平、卡那霉素无交互抗性。

本研究结果表明：①不同致病型的野生菌株对叶青双(川化-018)等噻唑类杀菌剂的敏感度类似；②对含有噻唑化学结构的杀菌剂之间存在交互抗药性，说明它们可能作用机制相似；③完全失去致病性的无毒菌株对噻唑类杀菌剂均表现为敏感性下降，说明这类药剂最初作用位点可能与致病性相关因子有关，特别有可能作用于病菌早期侵染阶段的相互识别过程；④叶青双、三环唑等噻唑类杀菌剂对病害的防治可能与对病原菌的直接作用有关，而不完全是化学免疫作用。

(四) 不同病原菌对甾醇脱甲基抑制剂的抗性机制

甾醇脱甲基抑制剂(DMI)主要是通过抑制依赖于细胞色素 P450 的甾醇 14α-脱甲基化酶来起杀菌作用的。关于真菌对这类杀菌剂的抗性机制已经有所报道。其中在白假丝酵母(*Candida albicans*)、玉蜀黍黑粉菌和酿酒酵母上的观察表明，它们对 DMI 杀菌剂的抗性是由于作用位点发生改变而造成的。研究表明作用位点可能发生多种改变。首先，作用位点上被作用酶的缺乏可能导致抗性的发生。例如，对多烯抗菌素具有抗性的白假丝酵母对 DMI 杀菌剂也具有抗性，其抗性机制属此类型。其次，作用位点上被作用酶虽不缺乏，但都失去了原有功能也可能导致抗性的发生。例如，酿酒酵母对多烯抗菌素和 DMI 杀菌剂的抗性机制就是这种情况。最后，作用位点上被作用酶与 DMI 杀菌剂的亲和力下降也可能导致抗性的发生。例如，白假丝酵母对 DMI 杀菌剂的抗性机制也有这种类型。

在上述三种抗性机制中，前两种可能不适用于丝状真菌。关于细胞色素 P450 同工酶对 DMI 杀菌剂的亲和力的研究，可能会进一步深化对第三种机制的认识。

近年来人们在柑橘青霉菌上成功地发展起一套分离细胞色素 P450 同工酶的方法。为开展对第三种机制的研究提供了技术上的可能。通过研究发现，从抗性水平低的菌株中分离到细胞色素 P450 同工酶的量与野生菌株中分离到的相似，而中抗和高抗菌株中细胞色素 P450 同工酶的量显著低于上述菌株。中抗和高抗菌株中每微克微粒体蛋白质中细胞色素 P450 同工酶的含量也显著低于抗性水平低的菌株。另外，中抗和高抗菌株中细胞色素 P420 同工酶(细胞色素 P450 同工酶代谢产物)的量显著高于敏感菌株。然而有趣的是，如果用上述 DMI 杀菌剂处理不同的菌株，敏感菌株中的 P420 大量出现，而抗性菌株中几乎观察不到这种作用。通过 CO 置换测验，发现抑霉力(imazalil)、乙环唑(itraconazole)等在抗性菌株中可以很容易地置换出来，而在敏感菌株中则相对困难些。研究结果还表明，中抗和高抗菌株中的细胞色素 P450 同工酶之一，细胞色素 $P450_{14DM}$上可能有一个脱辅基蛋白分子发生了变异，从而使该酶与 DMI 杀菌剂的亲和力下降。

上述研究结果，对认识不同病原菌对甾醇脱甲基抑制剂的抗性机制提供了新的资料，然而，要明确不同机制作用的主次，肯定它们作用在不同真菌中存在的差别，还需要进一步的研究。

第二节　抗药性遗传机制的分子生物学

前面就植物病原菌对杀菌剂抗药性的生理机制的分子生物学进行了介绍。然而，抗药性的根本原因还是菌体内对杀菌剂抗性基因的存在。到目前为止，有关病原菌对杀菌剂抗药性遗传机制的分子生物学研究已经不少。有人甚至认为，没有抗性基因操纵的抗药性不是真正意义上的抗药性。可见植物病原菌对杀菌剂抗药性的遗传机制对认识它们的抗药性本质来说是何等重要。

然而，关于病原菌对杀菌剂抗药性遗传机制的分子生物学领域还存在着大量有争议的问题。这些问题阻碍着我们对抗药性本质的认识。同时这些问题的研究解决则会使我们对抗药性本质的认识得以深化。近年来的研究报道也为这些问题的解决提供了越来越多的资料。下面就分别加以介绍和分析。

一、病原菌对杀菌剂抗药性遗传机制的研究概况

人们发现由染色体外基因引起的抗药性在细菌中非常普遍，例如，质粒携带的基因等。这些抗性基因比染色体基因(chromosomal gene)更容易转移。当然染色体外基因也并非细菌所特有，近年来在真菌中也发现了这类基因。例如，在酵母菌中存在的一种质粒携带基因(plasmid gene)就与该菌对寡霉素(oligomycin)的抗药性有关。另外，真菌还具有线粒体基因，并且有一些抗药性就是由这类线粒体基因所引起。

但是对真菌来说，在抗药性中起更大作用的还是染色体基因。一般来说，要由几个基因同时来控制某真菌对某一类杀菌剂的抗药性。除此以外，也有单基因控制的抗药性。

多基因控制抗药性的一种情况是，其单个基因所导致的抗性水平往往较低，都是微效基因，因此不易被察觉。只有多个着生在染色体不同位点的抗性基因的相互作用才可能引起较高水平的抗药性。多基因控制的抗药性在田间多表现为连续的数量性状。此时，真菌对杀菌剂敏感性的降低是逐渐进行的。因此多基因控制的抗药性一般不会在生产上造成严重的损失。到目前为止这类多基因控制的抗药性还不多见，只是在真菌对甾醇合成抑制剂的抗性中发现了这种机制的存在。

多基因控制抗药性的另一种情况是，多个主效基因共同控制对一种杀菌剂的抗药性。如果这些主效基因都是等位基因，它们所引起的抗性水平可以有所不同，特别是这些等位基因之间的相互作用会提高抗药性的水平。如果两个主效基因中的一个是上位基因的话，这两个基因的作用与一个基因的作用相等。

除了多基因控制的抗药性以外，还有单基因控制的抗药性。单基因控制的抗药性一般水平都很高，并且提高的速度很快。一次性的抗性提高就可以导致某种杀菌剂的完全失效。单基因所引起抗性多表现为质量性状而不是数量性状。因此这类遗传机制引起的抗性在生产上的危害是很大的。比较典型的单基因控制的抗药性有不同真菌对苯并咪唑类杀菌剂的抗性、对二甲酰亚胺类杀菌剂的抗性和对乙酰基丙氨酸类杀菌剂的抗性。

抗性基因除了有上述特点以外，还能引起交互抗性和负交互抗性。引起交互抗性最典型的例子是单基因控制的对苯并咪唑类杀菌剂的抗性。真菌一旦对一种苯并咪唑类杀菌剂产生了抗性就会对其他苯并咪唑类杀菌剂也产生抗性。其抗性的遗传机制都是单基因控制的。

对甾醇脱甲基抑制剂的抗性也有与对苯并咪唑类杀菌剂的抗性相似的地方，那就是真菌一旦对一种甾醇脱甲基抑制剂产生了抗性就会对其他甾醇脱甲基抑制剂也产生抗性。真菌对甾醇脱甲基抑制剂的交互抗性也一度被认为是由单基因控

制的，但最近的研究表明其抗性的遗传机制要更复杂些。例如，在梨黑星病菌上就不是由单基因控制的，其抗性产生的速度并不快。对甾醇脱甲基抑制剂抗性的遗传机制的研究还包括大麦霜霉病菌。然而对一种甾醇脱甲基抑制剂(如羟锈宁)抗性的筛选并不明显地影响对其他甾醇脱甲基抑制剂敏感性的改变。在另外一些病原菌中，对甾醇脱甲基抑制剂交互抗性也不明显，如一些葡萄霜霉病的法国和葡萄牙菌株。这些菌株对粉锈宁和羟锈宁的抗性都很高，但对其他甾醇脱甲基抑制剂交互抗性并不明显。

众所周知，连续使用相同的杀菌剂会导致抗药性的出现，并且会使病菌对其他类型相近的杀菌剂也产生抗性。例如，灰霉菌对新的甾醇脱甲基抑制剂。另外对黄瓜霜霉病菌的研究也发现了类似的现象。

关于对杀菌剂交互抗性遗传机制的研究在灰霉菌上，已经有广泛的开展。以该菌为材料，人们已经对抗苯并咪唑类杀菌剂、二甲酰亚胺类杀菌剂的遗传机制进行了比较深入的探讨。结果表明，该菌对苯并咪唑类杀菌剂的抗性机制与其他真菌一样也是由单基因所控制，有三种等位基因对该抗性水平产生影响。等位基因 *Mbc1S*、*Mbc1LR* 和 *Mbc1HR* 分别控制该菌对苯并咪唑类杀菌剂敏感、低抗和高抗的表现型。而对二甲酰亚胺类杀菌剂的抗性则是由另外三种等位基因所控制，等位基因 *Daf1S*、*Daf1LR* 和 *Daf1HR* 分别控制该菌对二甲酰亚胺类杀菌剂敏感、低抗和高抗的表现型。据报道，抗性基因多效性对抗性菌株在田间的生存能力有很重要的影响。例如，*B. fuckeliana* 的等位基因 *Daf1HR* 就与渗透敏感性有关系。同时，在葡萄园的观察也表明，对二甲酰亚胺类杀菌剂高抗的该菌菌株很少在田间出现。

关于对杀菌剂负交互抗性遗传机制的含意是，当抗性基因引起对一种(类)杀菌剂产生抗药性时，同时引起对另一种(类)杀菌剂敏感性的提高。在这方面，最典型的例子是某些真菌对苯并咪唑类杀菌剂和 *N*-苯基苯胺类(*N*-phenylanilines)杀菌剂的负交互抗性，即对苯并咪唑类杀菌剂产生了抗性的同时，对 *N*-苯基苯胺类杀菌剂更加敏感。关于对杀菌剂负交互抗性的遗传机制，研究比较清楚的是黑星病菌(*Venturia* spp.)。以梨黑星病菌为例，5 个表现型分别是对苯并咪唑类杀菌剂敏感(S)、低抗(LR)、中抗(MR)、高抗(HR)和超高抗(VHR)。其中所有超高抗菌株和部分中抗菌株都对 *N*-苯基苯胺类杀菌剂(如 diethofencarb)更加敏感。据报道，对苯并咪唑类杀菌剂超高抗和对 diethofencarb 的敏感都是由相同的、着生在染色体上同一基因位点上的等位基因(或着生在染色体上紧密连接的基因位点上的等位基因[58])所控制的。

在梨黑星病菌上的研究表明，对苯并咪唑类杀菌剂抗性水平的不同是由于在一个相同基因中三个等位基因突变所致。绝大多数对苯并咪唑类杀菌剂的高抗菌株对 *N*-苯基苯胺类杀菌剂的敏感性都有提高。但是对苯并咪唑类杀菌剂的中抗和低抗的菌株对 *N*-苯基苯胺类杀菌剂的敏感性没有提高。

通过对不同抗性类型的菌株进行杂交实验，对它们的遗传规律有了新的认识。首先，两个对苯并咪唑类杀菌剂高抗，对 *N*-苯基苯胺类杀菌剂更敏感的菌株分别与对苯并咪唑类杀菌剂中抗和敏感的菌株进行杂交。杂交的结果表明(表 3-3)，菌株对 *N*-苯基苯胺类杀菌剂更敏感的性状是可以遗传的。菌株对 *N*-苯基苯胺类杀菌剂的敏感性在杂交后代中的表现是 1(敏感)∶1(抗性)。这一结果说明，抗药性是受核基因控制的，属于孟德尔式遗传。这类基因控制的抗药性往往比较稳定，不容易发生改变。

表 3-3 不同抗性类型梨黑星病菌菌株杂交后的遗传规律

杂交类型	后代表现(子囊孢子数)				χ^2检验值(1∶1)[e]
	HR,S[a]	HR,R[b]	IR,R[c]	S,R[d]	
HR,S×IR,R	47	10	43	0	0.36
HR,S×S,R	47	10	0	43	0.36

a. HR,S:对苯并咪唑类杀菌剂高抗，对 *N*-苯基苯胺类杀菌剂更敏感的菌株；b. HR,R:对苯并咪唑类杀菌剂高抗，对 *N*-苯基苯胺类杀菌剂也有抗性的菌株；c. IR,R:对苯并咪唑类杀菌剂中抗，对 *N*-苯基苯胺类杀菌剂也有抗性的菌株；d. S,R:对苯并咪唑类杀菌剂敏感，对 *N*-苯基苯胺类杀菌剂具有抗性的菌株；e. 对该菌株对 *N*-苯基苯胺类杀菌剂的敏感性进行的 χ^2 检验。1∶1 为敏感与抗性菌株之间的期望比($P=0.05$，$\chi^2=3.84$)

在上述两种杂交中，大多数后代对杀菌剂的反应都与其两个亲本之一相同。然而表现为对苯并咪唑类杀菌剂高抗，对 *N*-苯基苯胺类杀菌剂也有抗性菌株的比例也比较高(约 10%)。但是在杂交后代中没有发现既对苯并咪唑类杀菌剂敏感又对 *N*-苯基苯胺类杀菌剂敏感的菌株。

接着又对 3 个对 *N*-苯基苯胺类杀菌剂敏感菌株和 10 个对 *N*-苯基苯胺类杀菌剂抗性菌株进行了杂交实验。结果表明(表 3-4)，在所有的杂交中，后代菌株的表现型都与它们的亲本之一相同。在两个对 *N*-苯基苯胺类杀菌剂敏感菌株的杂交后代中，没有出现对 *N*-苯基苯胺类杀菌剂的抗性菌株。在两个对 *N*-苯基苯胺类杀菌剂抗性菌株的杂交后代中，也没有出现对 *N*-苯基苯胺类杀菌剂的敏感菌株。

表 3-4 不同抗性类型梨黑星病菌菌株杂交后代的表现

杂交类型	后代表现(子囊孢子数)				χ^2检验值
	HR,S[a]	HR,R[b]	IR,R[c]	S,R[d]	(1∶1)[e]
HR,S(JS111)×HR,S(JS135)	100	0	0	0	NS[f]
HR,S(JS111)×HR,S(JS140)	100	0	0	0	NS
IR,R(JS41)×WR,R(JS77)	0	55	44	0	NS
IR,R(JS40)×S,R(JS2)	0	43	0	57	NS
IR,R(JS41)×S,R(JS4)	0	50	0	50	NS

续表

杂交类型	后代表现(子囊孢子数)				χ^2检验值
	HR,S[a]	HR,R[b]	IR,R[c]	S,R[d]	(1∶1)[e]
WR,R(JS132)×WR,R(JS27)	0	0	100	0	NS
WR,R(JS27)×S,R(CS1)	0	0	53	47	NS
S,R(JS115)×S,R(CS1)	0	0	0	100	NS
S,R(CS1)×S,R(CS11)	0	0	0	100	NS

a. HR,S:对苯并咪唑类杀菌剂高抗,对 *N*-苯基苯胺类杀菌剂更敏感;b. IR,R:对苯并咪唑类杀菌剂中抗,对 *N*-苯基苯胺类杀菌剂也有抗性;c. WR,R:对苯并咪唑类杀菌剂弱抗,对 *N*-苯基苯胺类杀菌剂具有抗性;d. S,R:对苯并咪唑类杀菌剂敏感,对 *N*-苯基苯胺类杀菌剂具有抗性;e. 对该菌菌株对 *N*-苯基苯胺类杀菌剂的敏感性进行的 χ^2检验。1∶1为敏感与抗性菌株之间的期望比($P=0.05$,$\chi^2=3.84$);f. NS:不分离

最后,对双抗性菌株(既对苯并咪唑类杀菌剂高抗又对 *N*-苯基苯胺类杀菌剂具有抗性的菌株)进行了检测。结果表明,所有菌株的双抗性都能遗传给杂交后代。具体情况如表3-5所示。

表3-5　双抗性类型梨黑星病菌菌株杂交后的遗传规律

杂交类型	后代表现(子囊孢子数)				χ^2检验值
	HR,S[a]	HR,R[b]	IR,R[c]	S,R[d]	(1∶1)[e]
HR,R(JS40M)×S,R(JS2)	0	47	0	53	NS[f]
HR,R(JS232)×S,R(JS115)	0	47	0	53	NS
HR,R(JS11)×WR,R(JS77)	0	43	57	0	NS
HR,R(JS168)×HR,S(JS206)	32	18	50	0	12.96

a. HR,S:对苯并咪唑类杀菌剂高抗,对 *N*-苯基苯胺类杀菌剂更敏感菌株;b. HR,R:对苯并咪唑类杀菌剂高抗,对 *N*-苯基苯胺类杀菌剂有抗性菌株;c. WR,R:对苯并咪唑类杀菌剂弱抗,对 *N*-苯基苯胺类杀菌剂有抗性菌株;d. S,R:对苯并咪唑类杀菌剂敏感,对 *N*-苯基苯胺类杀菌剂有抗性菌株;e. 对该菌菌株对 *N*-苯基苯胺类杀菌剂的敏感性进行的 χ^2检验。1∶1为敏感与抗性菌株之间的期望比($P=0.05$,$\chi^2=3.84$);f. NS:不分离

在3个杂交实验中,供试菌株为对苯并咪唑类杀菌剂高抗菌株(JS11、JS168和JS232);在另外1个杂交实验中,供试菌株为对由苯并咪唑类杀菌剂中抗变为高抗的菌株(JS40M)。在JS168(既对苯并咪唑类杀菌剂高抗又对 *N*-苯基苯胺类杀菌剂具有抗性的菌株)与JS206(对苯并咪唑类杀菌剂高抗但对 *N*-苯基苯胺类杀菌剂更敏感的菌株)的杂交中,出现了50%的对苯并咪唑类杀菌剂弱抗菌株。

综合上述结果,可以看出该菌对 *N*-苯基苯胺类杀菌剂的敏感性是由染色体上单基因控制的。杂交中获得的双抗性是可以遗传的[58]。

近年来,对杀菌剂负交互抗性遗传机制的研究在 *B. fuckeliana* 上也有新进展。人们发现,控制该菌对苯并咪唑类杀菌剂高水平抗性的等位基因 *Mbc1HR* 会

引起该菌对 *diethofencarb* 敏感性的提高。而对苯并咪唑类杀菌剂高水平抗性和对 diethofencarb 不敏感是由等位基因 *Mbc1* 的突变造成的。

另外，在 *Neurospora confers* 上的研究表明，导致该菌对多菌灵产生抗性的 β-微管蛋白基因着生在基因位点 *BmL* 附近。一系列的实验表明，该基因同时会引起对 diethofencarb 敏感性的提高。对该基因序列的分析说明，导致该菌上述负交互抗性的遗传机制是在 β-微管蛋白基因上的一个甘氨酸编码变成了谷氨酸所致[91]。

综上所述，对真菌对杀菌剂抗性遗传机制的研究有助于我们对下列 6 个方面问题有更深入的认识：①该抗性是否可以遗传，是由基因突变造成的还是由生理机制的适应所致；②该抗性基因是在染色体上还是在细胞质里；③有多少基因与抗性有关；④该抗性是由单基因控制的还是由多基因控制的；⑤抗性基因是否具有多效性；⑥基因的重新组合是否产生新的表现型。

此外，可遗传抗药性的产生是只来源于核酸的突变还是另有补充途径？可遗传的抗药性仅仅取决于核酸还是同时为核酸以外的其他物质（如蛋白质）所决定？核酸和蛋白质在控制抗药性遗传过程中是怎样的关系？这些问题的解决，无疑要借助于分子生物学的发展来完成。近年来的研究结果表明，可遗传的抗药性不仅取决于核酸而且取决于蛋白质。当人们在 20 多年前发现药物处理细胞使相关的酶（蛋白质）数量增加，进而导致该酶的结构基因发生扩增时，人们还只能停留于就事论事上，包括发现这一现象的科学家本人在内的同行们都没有看到所揭示的抗药性本质所在。这是因为当时核酸遗传理论和中心法则这些经典的学说、权威的主张束缚着人们的思想，人们还跳不出当时理论的局限，没有人能高瞻远瞩地看到蛋白质在抗药性遗传过程中的特殊功能。然而后来的研究报道一再告诉我们，蛋白质在遗传过程中发挥作用是客观存在的。核酸遗传理论和中心法则这些经典的学说、权威的主张需要发展、完善甚至部分地推翻也是无可非议的。今天我们重温药物引起相关酶的增加，进而导致该酶基因扩增的实验结果，不能不使我们认识到蛋白质（相关的酶）在抗药性的遗传过程中的重要作用，它既是抗药性的直接决定者，又是使抗药性得以遗传的桥梁和纽带。

二、不同病原菌对杀菌剂抗药性的具体遗传机制

（一）不同真菌对苯并咪唑类杀菌剂抗性的遗传机制

在真菌对杀菌剂抗性遗传机制的研究中，真菌对苯并咪唑类杀菌剂抗性遗传机制的研究是最系统、最深入的。下面就首先介绍一下这方面的情况。

1. 粗糙脉孢菌对苯来特抗性遗传机制的研究

为了弄清粗糙脉孢菌对苯来特抗性遗传机制，例如，该抗性是显性基因还是隐性基因控制的，抗性基因的性质和特点等，对该菌 15 个抗性突变菌株对苯来特抗性的遗传机制进行了分析，分析的结果表明，该菌对苯来特的抗性是由单个等位基因控制的，该抗性基因是显性的，这些突变菌株所具有的抗性基因所控制的抗性水

平各不相同[34]。

进一步的分子生物学研究表明，该菌对多菌灵的抗性基因位于 *BmL* 基因位点附近。通过分析抗性菌株 F914 β-微管蛋白基因的序列发现，在 β-微管蛋白的第 198 个氨基酸的位置上，甘氨酸的编码变成了谷氨酸。这一个氨基酸的变化就导致了该菌对多菌灵的抗药性[91]。

2. 构巢曲霉对苯来特抗性遗传机制的研究

人们知道，不同真菌对苯并咪唑类杀菌剂抗性机制主要是真菌体内 β-微管蛋白的变异。那么这种蛋白质的变异的遗传机制如何呢？为了回答这个问题，人们开始深入研究 β-微管蛋白的结构基因。通过双向电泳研究该菌的野生菌株和染色体 ben-A、ben-B 和 ben-C 突变菌株，发现 ben-A 是 β-微管蛋白的结构基因[8]。

进一步的分子生物学研究表明，在构巢曲霉体内，存在着两种 β-微管蛋白基因（*benA* 基因和 *tubC* 基因）。在构巢曲霉的微管系统中：β-微管蛋白 beta 1 和 beta 2，由 *benA* 基因所编码；β-微管蛋白 beta 3 由 *tubC* 基因所编码。通过分析发现，在这两个 β-微管蛋白基因中，能导致抗药性的突变只发生在一个 β-微管蛋白基因 *benA* 上，也就是编码 β-微管蛋白 beta 1 和 beta 2 的基因[92]。

研究表明，*benA* 基因除了能导致抗药性的产生以外，还有许多其他功能。例如，控制营养生长阶段的有丝分裂、细胞核运动、无性孢子的产生等。与另一个 β-微管蛋白基因 *tubC* 相比较，二者之间有较大差别，其差异程度高于其他生物中的 β-微管蛋白基因[93]。

3. 绒孢菌属菌种对苯并咪唑类杀菌剂抗性遗传机制的研究

绒孢菌属菌种（*Physarum* sp.）有两种细胞类型，单核和多核细胞。抗性遗传分析表明，抗性突变可以分别发生在 4 个相互独立的基因位点的任何一个上面，这 4 个基因位点是：*benA*、*benB*、*benC* 和 *benD*。在多核细胞型中，*benB* 和 *benD* 的突变会引起该菌对苯并咪唑类杀菌剂的抗性。而 *benA* 和 *benC* 的突变对苯并咪唑类杀菌剂仍然敏感。研究表明，*benD* 是 β-微管蛋白的结构基因，并且在单核细胞型中，至少有两个 β-微管蛋白基因能够表达。通过凝胶电泳分析不同的菌株，发现了 3 个 β-微管蛋白基因。一个可以在单核和多核细胞型中表达；一个只能在单核细胞型中表达；另一个只能在多核细胞型中表达。然而，在这些基因中，只有 *benD* 在上述两种细胞型中都能引起对苯并咪唑类杀菌剂的抗性[94]。

4. 灰霉病菌对苯并咪唑类杀菌剂抗性遗传机制的研究

由于许多研究都表明，不同真菌对苯并咪唑类杀菌剂抗性是 β-微管蛋白基因上单个氨基酸的变异引起的，并且这一变异多发生在该基因第 100～300 个氨基酸的区段上，所以人们运用基因工程手段，寡核苷酸引物以及 PCR 扩增等技术，对灰霉病菌 β-微管蛋白基因上第 100～300 个氨基酸区段进行了分子生物学研究。结果发现，该菌 β-微管蛋白基因的变异发生在第 198 个氨基酸的序列上，原来的谷氨酸编码变成了丙氨酸编码[9]。

5. 酿酒酵母对苯并咪唑类杀菌剂抗性遗传机制的研究

研究真菌对苯并咪唑类杀菌剂抗性遗传机制离不开研究 β-微管蛋白及其结构基因，而研究该基因又需要了解 β-微管蛋白的特性。根据长期的摸索，人们认识到 β-微管蛋白是一种保守性很强的蛋白质。例如，通过比较猪、鸡和鼠这三种不同动物的脑 β-微管蛋白，发现它们之间的差别非常之小，只有很少几个氨基酸的不同。

正由于 β-微管蛋白的保守性很强，人们开始使用上述动物的 β-微管蛋白结构基因作为探针（例如，鸡脑 β-微管蛋白 cDNA）来研究酿酒酵母的 β-微管蛋白基因序列。结果表明，鸡脑 β-微管蛋白基因与酿酒酵母 β-微管蛋白基因序列的同源性很好（>70%）。因此运用此法成功地分离到了该菌的 β-微管蛋白基因序列，并证明该基因在该菌生长方面所具有的重要作用[95]。

酿酒酵母 β-微管蛋白基因序列如下：

C C A A T C A A C C A G C A G T T T G A A C A G G T A A T C G T A C T C G C T A
T T C A T A T T A G T G C T T T T C T T G T T T T A T T T A T T T C A A C C T G
G C C T A A C A G T A A A G A T A T C C T C C T C A A A A C T G G T G C A C T T
A A T C G C T G A A T T T G T T C T G G C T T C T C T T C T T T T T C T T T A T T
C C C C C C A T G G G C C A A A A A A A T A G T A C T A T C A G G A A T T T G G
C G C C G G G T C A C G A T A T A C G T G T A C A G T G A C C T G G C G A C G C C
A C A A G G A A A A A G G A A A A A A A A A C A G A A A A A A C A A C A A A A A
C T A A A A C A A A C A C G A A A A C T T T A A T A G A T C T A A G T G A A G T
A G T G G T G A G G C A A T T G G A G T G A C A T A G C A G C T A C T A C A C T
A C A A A A G C A A A A T C T C C A C A A A G T A A T A T A ATG AGA GAA ATC
ATT CAT ATC TCG GCA GGT CAG TAT GGT AAC CAA ATT GGT GCT GCA TTC TGG
GAA ACT ATC TGT GGT GAG CAC GGT TTG GAT TTC AAT GGG ACA TAT CAC GGC
CAT GAC GAT ATC CAG AAG GAG AGA CTG AAC GTG TAC TTC AAC GAG GCA TCT
TCT GGG AAG TGG GTT CCA AGA TCT ATT AAC GTC GAT CTA GAA CCT TGG ACG
ATT GAC GCA GTA CGC AAT TCT GCC ATC GGG AAT TTG TTT AGA CCT GAC AAT
TAT ATC TTT GGG CAA AGT TCT GCG GGC AAC GTG TGG GCC AAG GGT CAC TAC
ACA GAA GGT GCT GAG CTT GTA GAC AGC GTC ATG GAT GTT ATT AGA CGA GAG
GCC GAA GGA TGC GAC TCC CTT CAA GGT TTC CAG ATC ACA CAT TCT CTT GGT
GGT GGT ACC GGT TCC GGT ATG GGT ACG CTT TTG TTC TCG AAG ATT AAG GAA
GAG TTA CCT GAT CGT ATG ATG GCC ACC TTC TCC GTC TTG CCC TCT CCG AAG
ACT TCT GAC ACC GTT GTC GAA CCA TAC AAT GCC ACG TTG TCT GTG CAC CAA
TTG GTA GAA CAC TCT GAT GAA ACA TTC TGT ATC GAT AAC GAA GCA CTT TAT
GAC ATC TGT CAA AGG ACC TTA AAG TTG AAT CAA CCT TCT TAT GGA GAT TTG
AAC AAC TTG GTC TCG AGC GTC ATG TCT GGT GTG ACA ACT TCA TTG CGT TAT
CCC GGC CAA TTG AAC TCT GAT TTG AGA AAG TTG GCT GTT AAT CTT GTC CCA
TTC CCA CGT TTA CAT TTC TTC ATG GTC GGC TAC GCT CCA TTG ACG GCA ATT
GGC TCT CAA TCA TTT AGA TCT TTG ACT GTC CCT GAA TTA ACA CAG CAA ATG
TTT GAT GCC AAG AAC ATG ATG GCT GCT GCC GAT CCA AGA AAC GGT AGA TAC

CTT ACC GTT GCA GCC TTC TTT AGA GGT AAA GTT TCC GTT AAG GAG GTG GAA GAT GAA ATG CAT AAA GTG CAA TCT AAA AAC TCA GAC TAT TTC GTG GAA TGG ATC CCC AAC AAT GTG CAA ACT GCT GTG TGT TCT GTC GCT CCT CAA GGT TTG GAC ATG GCT GCT ACT TTC ATT GCT AAC TCC ACA TCT ATT CAA GAG CTA TTC AAG AGA GTT GGT GAC CAA TTT TCC GCT ATG TTC AAA AGA AAA GCT TTC TTG CAC TGG TAT ACT AGT GAA GGT ATG GAC GAA TTG GAA TTC TCT GAG GCT GAA TCT AAT ATG AAT GAT TCG GTT AGC GAA TAC CAA CAA TAC CAA GAG GCT ACT GTA GAA GAT GAT GAA GAA GTC GAC GAA AAT GGC GAT TTT GGT GCT CCA CAA AAC CAA GAT GAA CCA ATC ACT GAG AAT TTT GAA TAA T T A A G T T G C T T T C C T T T C T T T T T C T T A C C T T T C T T C T T C T C T A G G A T T G A A G C A C T T G G A G C A A A A T A G A C A A A A A T C 3′

在此基础上，人们又对该菌 β-微管蛋白基因的主要性质和特点进行了研究。在 173 个抗性菌株中，它们的 β-微管蛋白基因发生了抗性变异。β-微管蛋白基因的抗性变异不仅导致了这些菌株对苯来特抗性的提高，而且在其中 6 个菌株中还引起了对低温的敏感；3 个菌株对生长温度的敏感。这一 β-微管蛋白基因叫作 *TUB2*。

该基因的变异也是单个氨基酸编码发生了变化，由精氨酸变为组氨酸。其变异位置在第 241 个氨基酸的编码上。这一变异基因同时控制对苯来特的抗药性和生长过程中对低温的敏感性。该基因在该菌生长的极端温度下会引起细胞分裂的障碍。*TUB2* 基因位于染色体Ⅳ的左臂末端，与肌动蛋白基因 *ACT1* 很近。在此之前，还没有人在上述基因位点上发现过细胞分裂基因，*TUB2* 是第一个[96]。

6. 苹果黑星病菌对苯并咪唑类杀菌剂抗性遗传机制的研究

苹果黑星病菌对苯并咪唑类杀菌剂抗性遗传机制的研究表明，在该菌的 β-微管蛋白上所发生的突变因该菌对苯来特抗性水平的不同而异。虽然所发生的突变都是单个氨基酸的变异，但所变异的氨基酸有所不同。当抗性水平很高时，变异位点在第 198 个氨基酸的编码上，也就是原来的谷氨酸变成了丙氨酸；当抗性水平高时，在第 198 个氨基酸，谷氨酸变成了赖氨酸；当抗性水平中等时，在第 198 个氨基酸变成了甘氨酸。对另外一个苹果黑星病菌菌株的观察表明，当抗性水平中等时，变异位点在第 200 个氨基酸的编码上，原来的苯丙氨酸变成了酪氨酸。在所有的田间抗性菌株中，14 个在第 198 个氨基酸的编码上发生变异；3 个在第 200 个氨基酸的编码上发生变异[97]。

（二）不同真菌对有机磷杀菌剂抗性的遗传机制

稻瘟病菌对有机磷杀菌剂的抗性有两种类型。这两种抗性类型的遗传机制各不相同。第一种类型是高抗型，这种类型的抗性是由单个主效基因，*ibp* 控制的。第二种类型是中抗型，它不只是由单基因控制[98]。

（三）不同真菌对二甲酰亚胺类杀菌剂抗性的遗传机制

据报道，不同真菌对二甲酰亚胺类杀菌剂抗性的遗传机制，属于单基因变异，并且该抗性基因为主效基因。因此，该基因所引起的抗药性出现很快，并且抗性水平很高。

（四）不同真菌对乙酰基丙氨酸类杀菌剂抗性的遗传机制

关于不同真菌对乙酰基丙氨酸类杀菌剂抗性的遗传机制，据报道，与对二甲酰亚胺类杀菌剂抗性的遗传机制很相似，也属于单基因变异，并且该抗性基因也为主效基因。因此，该基因所引起的抗药性往往在较短的时间内就能达到很高的水平，在生产上容易造成巨大的危害[55]。

（五）不同真菌对甾醇生物合成抑制剂抗性的遗传机制

不同真菌对甾醇生物合成抑制剂抗性的遗传机制属于多基因控制。然而这些基因都属于微效基因。每个微效基因的作用很小，在实际观察中难以察觉。即使多个微效基因共同作用，它们所引起的抗药性出现得也较缓慢，水平较低。因此不容易在生产上造成大的危害。

（六）不同真菌对氯苯嘧啶醇抗性的遗传机制

根据对 51 个 *Nectria haematococca* var. *cucurbitae* 菌株的观察，发现它们对氯苯嘧啶醇(fenarimol)，一种低毒杀菌剂的抗性是由多基因共同作用的结果。在观察中发现了染色体上至少 9 个基因位点的变异与该抗药性有关。这些基因分别被命名为：*fen-1*～*fen-9*。它除引起该菌对氯苯嘧啶醇的抗性以外，还使该菌对某些 DMI 杀菌剂也出现抗性。进一步的研究表明，单倍体菌株带有两个抗性突变基因时，会引起较高水平的抗性，也就是说抗性基因之间具有相互增效的作用。所有这些基因都具有多效性，对正常的生长、孢子的产生、孢子的萌发、致病性和对高温的耐受能力都或多或少有些影响。

研究还表明，这些抗性基因可能是通过降低该菌对氯苯嘧啶醇的吸收来提高其抗药性的。研究中还发现，该杀菌剂在菌体内的积累可能与能量有关，可能是被动吸收和主动排出相互作用的结果[99]。

（七）不同微生物对抗菌素类杀菌剂抗性的遗传机制

1. 稻瘟病菌对春雷霉素抗性的遗传机制

关于稻瘟病菌对春雷霉素(kasugamycin)抗性遗传机制的最初研究表明，该抗性是由单个主效基因控制的。在此基础上，通过进一步的研究，例如，增加抗性菌株观察的数量、进行菌株间杂交、测定子囊孢子菌株(ascospore isolates)的抗性水平等，在该菌染色体上发现了三个突变位点。它们分别是：*kas-1*、*kas-2*、*kas-3*。这表明，稻瘟病菌对春雷霉素抗性遗传机制并不只是单个主效基因控制的一种情况。还有多基因控制的类型。并且随着对抗性菌株观察数量的进一步增加，还可能发现更多的抗性基因控制着该菌对春雷霉素的抗药性。研究还表明，在 *kas-2* 和 *kas-3* 之间的相互作用并没有引起抗性的增高。

另外，在这 3 个基因中，*kas-3* 还能导致该菌对灭瘟素（blasticidin-s）的抗性。这说明，该基因能同时导致该菌对春雷霉素和灭瘟素两种杀菌剂的抗药性，因此它是一个引起交互抗药性的基因[48]。

2. 大肠杆菌对链霉素（streptomycin）抗性的遗传机制

大肠杆菌（*Escherichia coli*）的 *strA* 基因是该菌核糖体 30S 亚基蛋白质的结构基因。该基因的变异能使大肠杆菌有能力在链霉素存在的条件下生存。它使该菌或者对链霉素不敏感（抗药型），或者要求氨基葡萄糖苷作为营养支持其生长（营养依赖型）。

据推测，strA 蛋白（strA protein）在核糖体功能中的作用可以因 *strA* 基因（*strA* gene）的变异发生根本性的改变，即引起翻译效率的障碍，它不是引起错译就是引起废物的产生。由于这种翻译效率的障碍在没有任何限制机制的条件下可以是致命的，它只能在一种 tRNA 存在的情况下被观察到，这种 tRNA 能够把变异的 *strA* 基因翻译出来。当然，它或者是按照常规去翻译已经变异的编码，或者是通过误译而表达。

根据该菌受抑制表现的类型，可以进行如下分类：某些 *strA* 的等位基因，如在鸟氨酸转氨甲酰酶结构基因的琥珀突变，能够适应链霉素的抑制作用；而另一些 *strA* 的等位基因对此不能适应；还有一些 *strA* 的等位基因虽不能适应链霉素的抑制作用，但对某些其他变异造成的生长抑制能够适应。

通过进一步对上千个突变菌株（包括自然突变株和诱变株）的研究，发现了 4 类 *strA* 的等位基因。它们都是点突变，两种换同，两种换异。在 *strA* 基因上，共有 3 个突变位点：两个是引起抗药型的；一个是引起营养依赖型的。

第四章　抗药性治理及其分子生物学原理

随着内吸性杀菌剂的发展，病原菌对杀菌剂的抗药性在农业生产上已经成为一个日趋严重的问题。因此，监测不同病原菌对每一种杀菌剂抗药性发展状况(monitoring the resistance)以及治理这些令人疾首的抗药性问题(management of the resistance)已经成为植物病害化学防治和综合治理中不可缺少的工作之一。这里所要监测与治理的是指生产实际中的抗药性问题。所谓监测就是对田间不同植物病原菌对杀菌剂抗性发展动态的监视与测定，其主要目的是要尽早了解田间抗药性的发展状况，特别是抗药性达到了什么水平。从而使我们能够对它进行最及时、最恰当的治理。这项工作要在充分了解抗药性产生的原因和抗性机制的基础上进行，从而减少盲目性，提高工作效率。

在准确掌握实际生产中抗药性发展状况的前提下，制订符合实际的治理方案。对抗药性问题进行治理的方法有很多，有些是预防性的，如轮换使用不同药剂等；有些是强制性的，如停止使用某药剂一定的时间等；有些则是兼而有之的，如混合用药等。要根据具体情况，科学地综合使用各种方法以达到防止或延缓抗药性产生的目的。

在治理抗药性的方法中，综合防治是最重要的方法，是体现标本兼之特点的有效途径。同时，随着分子生物学的迅速发展，利用基因工程方法在分子水平上推动综合防治的推广应用也显示出了强大的生命力。

第一节　抗药性发展状况的监测

对抗药性发展状况进行监测是有效地治理抗药性问题的重要基础。此外，它对了解抗药性发展形成过程，揭示抗药性发展的影响因素也具有重要意义。对抗药性发展状况的监测包括对生产实际中病原菌群体对化学药剂反应的监视和室内对所监视菌株的各种测定(生物测定)。对不同病原菌的监测在具体方法手段上有所不同。下面从抗药性发展状况监测所包括的主要内容和对不同病原菌监测所采用的具体方法两个方面进行介绍。

一、对抗药性发展状况进行监测的主要内容

对抗药性发展状况进行监测的主要内容包括下列几个方面：

首先，密切注意药剂的防治效果，认真了解各个地区的变化动态，建立健全监测网络，在全国各主要用药区设立监测站。这是准确监测抗药性的发展状况，及时

了解抗性水平的组织保证。在建立健全监测网络的同时，要及时制定出切实可行的管理制度，以保证监测网络的高效运转。随着信息技术的飞速发展，运用信息技术进行抗药性发展动态监测和监测结果的传递和共享，可以大大提高工作效率，及时了解田间抗药性发展的最新动态。同时也有利于监测资料的长期积累，进行抗药性发展规律的分析研究。

其次，一旦发现某药剂在防治某病原菌过程中出现药效降低的现象，即使极为轻微，也要及时按规定程序对该病原菌进行各种方法的测定。以明确是否确实产生了抗药性。这项工作进行的越早越好，越快越好。

再次，要根据实际正常情况下，药剂的常规使用浓度，制定出浓度阈值，从而规范、规定药剂/病菌/植物（或药剂/病菌）体系的标准测定方法。然后在监测过程中贯彻使用。要使每一个参加监测工作的人都了解并掌握这一标准测定方法。

最后，制订监测工作的实施计划。该计划包括取样地点、时间、样本的大小和取样方法。地点的选择应以发病严重、再次侵染多、长期大量用药的地区为目标。取样时间要根据病菌的发生规律来确定。样本的大小和取样方法也要根据具体病菌的发生规律、分布类型来具体确定。

对抗药性进行监测的具体做法目前还是采用 1982 年 FAO 所颁布的方法（FAO"Plant Protection Bulletin"Vol. 30 No. 24）。一般的抗性菌的收集，抗药性的生物测定方法均可按照上述的和一般常规的方法进行。FAO 方法的要点是，要按病原菌/杀菌剂的组合定出"基线敏感度"（baseline sensitivity），即最低有效浓度标准，超过该浓度才能对该菌有效的，则意味着抗性菌系的出现。此基线的判定一般有两种方法：

第一，是通过具体的菌/药组合中野生敏感菌菌系与其抗性突变体进行比较。一般来说，抗性突变体的抑菌浓度要比敏感菌高 5～10 倍。真正具体的浓度还应根据具体组合而定，如果病原菌对个别药剂的抗性程度特别大，则抗性菌敏感性基线比野生菌高 10 倍以上，常常达到 20～30 倍甚至更高。例如，甜菜叶斑病菌/苯并咪唑类杀菌剂的组合，抗性突变体的抑菌浓度比敏感菌高 25～250 倍。

第二，是参考已有的研究文献。但此法不如上述方法理想，应当尽量避免使用。应当注意的是，抗性突变体与野生菌对杀菌剂敏感性的测定，许多时候不一定同时进行，在此情况下应注意各种有关的试验条件的控制，从而保证与测定野生菌时各种条件的一致性。这是由于众所周知的病原菌对药剂的敏感度与环境因素有密切关系。

关于浓度的表达，一般有两种方法：一种方法是用 EC_{50} 或 ED_{50} 作为标准；另一种方法是用最低抑菌浓度（minimal inhibitory concentration，MIC）作为标准。

多数人倾向于使用前者。至于这些浓度的生物测定方法主要有：

第一，含有杀菌剂的平板和空白对照培养，以菌落直径增长速率作为标准。

第二，含有杀菌剂的液体培养，度量干重的增长率。

第三,孢子或其他繁殖体在含有能完全抑制野生菌系生长的杀菌剂浓度的培养基上培养。需要指出的是,有些化合物对孢子萌发并没有抑制作用,但会改变芽管的形态或抑制芽管的伸长。

第四,对影响已知细胞代谢过程的杀菌剂,如对呼吸或蛋白质合成有明显作用的杀菌剂,不同菌系的敏感性可由不同毒物浓度对这个过程的影响来度量。即在体内用完整的细胞或体外用亚细胞制剂进行。

近年来,有人提出检测田间是否已出现抗性菌系,可以采取零假设(null hypothesis)与备择假设(alternative hypothesis),结合序贯取样法,制定接受(零假设)区域和拒绝(备择假设)区域,从而制订出不定区间的方法并进行实际监测。

二、对不同病原菌进行抗药性监测的具体方法

对植物病原菌进行对杀菌剂抗药性监测的具体方法包括实际监视和室内生物测定两部分。实际监视包括采样、运样;室内生物测定包括分离和纯化菌株、药剂的准备、处理供试菌株、处理菌株的培养、结果的观察和记录、结果分析和评价等步骤。这些步骤的确定是对长期从事此项工作专业人员实践经验的总结和升华。这些步骤的完成是准确、及时把握植物病原菌抗药性发展状况的重要基础。

下面就将这些方法和步骤简要地加以介绍。

(一) 抗药性监测的主要步骤

1. 采样

采样(sampling)一般要根据不同病原菌的生长规律、分布类型,具体设计方法。例如,专性寄生菌和非专性寄生菌的采样方法就各不相同。专性寄生菌需要和活的寄主组织一起采回,而非专性寄生菌则不一定和活的寄主组织一起采回。

采样还要注意样本的大小适当。样本的大小取决于具体的采样目的。如果要对一个是否产生抗性未知的种群进行定性分析,为了提高准确性,及时发现新出现的抗性菌株,样本大些为好;另外,当采样目的是为了了解已经产生抗性种群中抗性菌株所占的比例时,样本也是大些为好。然而样本的大小还要考虑实际的工作量与所能承担能力,二者需要兼顾。

采样后还要注意采样的保存。为了保证所采样品的新鲜、不在运送过程中受到损害,要进行适当的包装。例如,采取一些保湿措施等。当然根据具体样品的特点还有许多在保存样品时应注意的问题,要视实际情况而定。

2. 运样

运样(sample transport)过程中最主要的问题是要保存、保护好样品。特别是在路途遥远情况下,保存、保护好样品就更为重要。例如,当所采样品是植物叶片时,就要采取措施防止叶片干枯、脱水、受到挤压等伤害,更不能让其他腐生性微生物污染叶片。

3. 分离和纯化菌株

一旦样品运抵实验室，要立即进行菌株的分离(isolation)与纯化。分离与纯化的具体方法因病菌的种类不同而异。如果暂不能进行分离和纯化，要将样品妥善保管，例如，采取冷藏的措施，但时间不可过长。分离纯化的第一步是进行表面消毒。然后是在无菌条件下进行接种，接种时要根据不同病原菌的具体要求选择合适的培养基，同时要对接种物进行系列浓度稀释，然后接种于选定的培养基上。接种后要置于温箱或摇床中进行培养。经过一定时间的培养要在培养基上挑取目的病原菌的单菌落菌株以获得纯培养。

4. 药剂的准备

供试药剂要保证质量。要尽量使用纯品。如果不能使用纯品，要对药剂有效成分、各种助剂的成分和含量准确掌握。药剂的浓度要配制适当，不能过高，也不可过低，要包括毒力曲线所分布的范围。用药方法要科学准确。药液需要现用现配。

5. 处理供试菌株

处理供试菌株(treating the isolate)的具体方法也要根据菌株种类的不同而具体选定。例如，对核盘菌来说，一般是将不同浓度的药剂均匀地混入培养基中，然后将一定量的菌丝(一般是直径 4～6mm 的菌丝块)接种在培养基上。在接种菌丝时，要注意在菌落边缘打菌丝块，而不是在菌落上任意部位取菌。这样可以最大限度保证所取菌丝的生长状态一致，减小系统误差。当然也可以将该菌菌核接种在培养基上。

6. 处理菌株的培养

处理菌株的培养(culturing the isolate)条件包括适当的温度、湿度、光照等。具体的要求要视具体的菌株而定。对核盘菌来说，温度在 22℃，而对湿度和光照并没有特殊要求，但有些菌对湿度和光照是有严格要求的。

7. 结果的记录

观察和结果的记录(recording the result)要选择适当的时间。因为不同病菌的生长速度是不同的。最好对试验结果进行多次(大约三次)观察，以利于找出最佳记录时间。具体观察时间除了因菌种不同而异以外，还因处理方法不同而不同。例如，处理核盘菌的菌丝和菌核所要求的观察时间就有很大的差别，因为菌丝往往较菌核长得快些。

8. 结果分析和抗性水平的评价

一般来说都要根据处理浓度与病菌生长受抑制程度的关系，作出二者关系曲线。这个关系曲线的建立可以采用多种方法。随着电子计算机的发展和各种专业软件的出现，目前越来越多的人倾向于使用计算机来完成此项工作。但这对那些没有计算机的人来说是行不通的，因此还可以采用坐标纸法，这种方法就是利用一种特制的机值-对数关系坐标纸，将所观察得到的数据代入坐标纸，从而在坐标纸上绘出毒力曲线,此时所得到的曲线已经直线化。此法简便易行,人人都可以使用。但不如计算机法准确。

得到曲线后,就可以找出所测药剂对该病菌的有效中量(ED_{50})或有效中浓度(EC_{50}),从而按照规定标准比较出该菌对药剂的反应是否属于抗性以及其抗性水平的高低。

此外,MIC 也常常被用来比较病菌对药剂敏感性的高低。有些人还使用 ED_{95},但较少见。以上是进行抗性监测方法的一般情况。下面将结合具体病菌、药剂加以说明。

(二) 对不同病原菌抗药性监测的具体方法

1. 马铃薯晚疫病菌对乙酰基丙氨酸类杀菌剂抗性的监测方法

1) 采样

在田间按照该病菌的分布特点采摘感染马铃薯晚疫病的马铃薯叶片若干。

2) 运样

将采集的所有叶片分别夹入中间切开的马铃薯中。然后将夹入马铃薯中的叶片用塑料袋包好并运往实验室。

3) 菌株分离与纯化

在实验室取出夹有感病叶片的马铃薯在室温下保湿培养数日。然后从薯块上分离马铃薯晚疫病菌的孢子囊。采集健康马铃薯叶片。准备 15cm 直径培养皿,放入吸水滤纸。将采集的健康马铃薯叶片放入上述培养皿中吸水滤纸的上面。将从薯块上分离到的马铃薯晚疫病菌孢子囊接种在健康的马铃薯叶片上。将接种叶片在人工气候箱中培养,直至产生孢子囊。

从上述叶片上分离马铃薯晚疫病菌孢子囊。然后将分离到的马铃薯晚疫病菌孢子囊再接种到健康的马铃薯叶片上。用打孔器制作马铃薯叶片圆碟。从孢子囊接种的马铃薯叶片上分离该病菌孢子囊,并制成孢子囊悬液。测定孢子囊悬液浓度。将孢子囊悬液接种到马铃薯叶片圆碟上。保湿培养孢子囊悬液接种的马铃薯叶片圆碟。

4) 药剂处理

用乙酰基丙氨酸类杀菌剂处理孢子侵染的马铃薯叶片圆碟。

5) 结果观察

观察记录结果并比较该病菌对乙酰基丙氨酸类杀菌剂敏感性的高低。

2. 玉蜀黍赤霉菌对苯并咪唑类杀菌剂抗性发展进行监测的方法

1) 离体测定法

首先进行田间取样,然后将玉蜀黍赤霉菌的孢子接种到含有 5μg/mL 多菌灵的 PDA 培养基上,同时加入抗菌素(如 100 单位的链霉素等),以避免细菌的污染。

在 25℃条件下经过 3～5 天的培养以后,观察结果。如果菌丝能够正常生长,说明该菌已经产生了抗性；如果菌丝不能生长，说明该菌尚未产生抗性。另外也可以通过观察芽管的形态来比较其敏感性的高低。

如果上述测定证明抗性已经产生，还要进一步测定抗性菌株在种群中的比例。具体方法同上。

如果测定交互抗性和抗性的具体水平有多高，取样的样本可相对小些。

此时应将通过单孢培养纯化的菌株在25℃条件下，在PDA培养基上培养5天。在菌落的边缘用5mm打孔器切取菌丝块并接种到含有不同浓度（0μg/mL、0.8μg/mL、4μg/mL、20μg/mL、100μg/mL）多菌灵的培养基上。

在25℃条件下，培养3天后观察并记录菌落生长半径。

根据观察到的数据求出EC_{50}。

2）植物组织离体测定法

将20cm长的麦穗剪下并用不同浓度（0μg/mL、125μg/mL、250μg/mL、500μg/mL、1000μg/mL、2000μg/mL）的多菌灵进行喷雾。然后稍微晾干并放入试管中保湿培养。

在小穗下面接种10μL玉蜀黍赤霉菌的孢子悬液（含20～30个孢子）。此处理重复5次。

在20～21℃、高湿和12～16h光照条件下培养24h。然后在24℃、80%的相对湿度和12～16h光照条件下培养5天。最后按下列方法记录离体麦穗病情：

0级：不发病。

1级：只有接种的小穗发病。

2级：接种的小穗上下发病，但发病部分占整个麦穗的一半以下。

3级：发病部分占整个麦穗的一半以上，但不到100%。

4级：整个麦穗均已发病。

整个上述实验中，要有一个标准的敏感菌株作为对照。

3. 灰霉病菌草莓菌株对苯并咪唑类杀菌剂抗性发展进行监测的方法

1）采样

4月至5月上旬在发病的草莓地里采集该菌菌株。

2）分离与纯化

从采样中分离与纯化该菌。

3）药剂处理

将分离与纯化的该菌菌株接种在含有5μg/mL多菌灵和抗菌素的PDA培养基的斜面上。

4）处理菌株的培养

将上述处理菌株在室温下培养3天。

5）结果的观察

观察记录室温下培养3天的上述菌株菌落生长与否。

6) 抗药性的评价

能够正常生长的就是抗性菌株。进而统计出抗性菌株占整个种群的比例。

7) 测定抗性菌株的抗性程度

将抗性菌株在 PDA 培养基上培养，在菌落边缘未达到培养皿边缘之前，取边缘菌丝进行不同浓度的药剂(多菌灵、甲基托布津等)处理，然后培养 3 天左右。观察、记录菌落的生长半径，将记录的结果进行整理计算，求出各菌株的 EC_{50}。

4. 苹果黑星病菌和梨黑星病菌对苯并咪唑类杀菌剂抗性发展的监测方法

1) 苹果黑星病菌对苯并咪唑类杀菌剂抗性的监测方法

将苹果黑星病菌的不同菌株从田间采来，纯化后进行不同浓度的药剂处理，培养 3 个星期左右观察记录该菌菌丝的生长情况，根据菌丝在含不同浓度药剂培养基上的生长情况，判断其抗性的水平。例如，在含 1μg/mL 苯来特的培养基上不能生长的就应属于敏感型，在含 1μg/mL 苯来特的培养基上能够生长的就应属于低抗型，能在含 1～10μg/mL 苯来特的培养基上生长的就应属于中抗型，能在含10～50μg/mL 苯来特的培养基上生长的就应属于高抗型等。

2) 梨黑星病菌对苯并咪唑类杀菌剂抗性的监测方法

将被梨黑星病菌侵染的梨树叶从果园采回。采样的具体方法如下：

(1) 果园中每棵梨树采 1 个菌株；

(2) 果园中部的每棵梨树采 50 个菌株；

(3) 每 5 棵梨树中的 1 棵树上随机采 10 个菌株；

(4) 每 10 棵梨树中的 5 棵树上随机采 5 个菌株；

采样后，通过转接该菌的分生孢子纯化所采的菌株。获得纯培养后，将其菌丝接种到含有不同浓度多菌灵的 PDA 培养基上，在 20℃、无光照条件下培养 3 个星期，然后观察记录菌丝的生长情况。根据下列标准对各菌株的抗性水平进行判定。

第一，最低抑制浓度(MIC)＞100μg/mL 的菌株为高抗型；

第二，100μg/mL≥最低抑制浓度(MIC)＞10μg/mL 的菌株为中抗型；

第三，10μg/mL≥最低抑制浓度(MIC)＞1μg/mL 的菌株为低抗型；

第四，1μg/mL≥最低抑制浓度(MIC)的菌株为敏感型。

另外，还可以通过分生孢子芽管分隔法来判断该菌对苯来特的抗性。

5. 小麦叶枯病菌对 DMI 杀菌剂抗性发展的监测方法

1) 分离菌株

小麦叶枯病菌(*Septoria tritici*)可以直接从采回的新鲜病叶上分离到，也可以将新鲜病叶干燥后用水冲洗来获得。不论是鲜叶还是干叶都要用次氯酸溶液进行表面消毒。然后将分离菌株接种到含有 125μg/mL 链霉素和 100μg/mL 利福霉素的 PDA 培养基上。在 15～20℃条件下培养 7 天，将该菌再转接到 PDA 培养基上。出现孢子后进行单孢分离培养。然后如果不马上使用的话，可在奶液(1%，*m/V*)中，－20℃条件下进行保存。

2）离体生物测定

离体生物测定可以通过测定 MIC 来进行。具体方法是将该菌孢子接种到含有不同浓度(0.04～40μg/mL)药剂的培养基上。培养 4～5 天后观察记录药剂对该菌生长的抑制并判定所测菌株的敏感性(或抗性)水平。

3）非离体生物测定

此法用于小麦叶枯病菌对粉唑醇(flutriafol)抗性发展的监测。具体方法是：将该菌菌株接种在粉唑醇处理过的小麦苗上。然后等到该菌在小麦叶上产孢时，用水冲洗该叶片，观察和记录孢子悬液中的孢子数，以此来判断该菌对粉唑醇的敏感性(或抗性)程度。另外还可以通过免疫测定法来监测小麦叶枯病菌对粉唑醇的抗性发展。这两种方法都能比较出菌株间对粉唑醇的敏感性(或抗性)差别。

6. 水稻恶苗病菌对苯并咪唑类杀菌剂抗性发展的监测方法

1）田间取样

在水稻恶苗病发病田间采集水稻的发病部位，例如，稻穗、稻种、水稻残株，保湿带回实验室。

2）菌株纯化

将田间采样进行表面消毒，然后接种在培养基上。

3）药剂处理

将纯化的菌株接种在含有不同浓度(如 0.8μg/mL、4μg/mL、20μg/mL、100μg/mL 等)多菌灵的培养基上。然后观察记录菌落生长半径。

4）抗性水平的评价

根据菌丝在上述不同浓度多菌灵作用下的生长情况，得出同菌株的 MIC 值，从而评价它们的抗性水平。

7. 黑星病菌不同菌种对 DMI 杀菌剂抗性发展的监测方法

1）采样

将被黑星病菌不同菌种(*Venturia* spp.)侵染的梨树叶从果园采回。采样的具体方法如下：

(1) 果园中每棵梨树采 1 个菌株；

(2) 每棵果园中部的梨树采 50 个菌株；

(3) 每 5 棵梨树中的 1 棵树上随机采 10 个菌株；

(4) 每 10 棵梨树中的 5 棵树上随机采 5 个菌株；

2）菌株纯化

采样后，通过转接该菌的分生孢子，单孢分离接种纯化所采的菌株。获得纯培养后，将其菌丝接种到 PDA 培养基上，在 20℃条件下培养 45 天。

3）药剂处理

从上述 PDA 培养基上菌落的边缘，用打孔器取菌丝块，然后接种到含有不同浓度 DMI 杀菌剂，如氯苯嘧啶醇(fenarimol)的 PDA 培养基上，在 20℃条件下培养 3 个星期，然后观察记录菌丝的菌落生长半径。

4) 抗性水平的评价

根据各菌株菌丝的生长情况，判断其抗性水平。

8. 梨黑星病菌对苯并咪唑类杀菌剂抗性发展的监测方法

1) 采样

在梨树园采集被梨黑星病菌侵染的梨和树叶，采样地点最好选择过去应用苯并咪唑类杀菌剂情况不同的梨树园，例如，使用该类杀菌剂历史长短不同、使用该类杀菌剂具体品种不同等。

2) 菌株纯化

对该菌侵染的梨树叶进行表面消毒后，在病斑上取该菌孢子并制成浓度为 10^6 个/mL 的孢子悬液。

3) 药剂处理

分别将 0.1mL 该孢子悬液接种到含有不同浓度(0.5～2.0μmol/L)多菌灵的 PDA 培养基上，同时设空白对照。在 25℃下培养。

4) 药剂处理结果的观察

分别在药剂处理后 1、4、12 天观察孢子萌发、菌落形成和产生孢子的情况。

5) 抗性的评价

综合上述孢子萌发、菌落形成和产生孢子的情况，对该菌不同菌株的抗性水平作出评价。

9. 葡萄霜霉病菌对苯酰胺类杀菌剂抗性发展的监测方法

1) 采样

分别在不同葡萄园的葡萄树上采集被葡萄霜霉病菌侵染的病叶。保湿运往生物测定实验室，如果采样地点与生物测定实验室距离较远，更要注意运输过程中样本的保存。

2) 菌株的分离和纯化

将采回的病叶经表面消毒后，取该病菌并转接到从温室培养的葡萄树上采摘的新鲜叶片上，然后将接种的叶片放入铺有吸水滤纸的培养皿中，在 18℃条件下培养。

3) 该菌的生物测定

葡萄树苗在温室条件下种植到 7～8 片叶生出并展开时，取下叶片并用打孔器将取下的叶片切成直径为 15mm 的圆片。将葡萄叶圆片放入盛有 12mL 不同浓度药液的培养皿中，每皿 5 片叶，正面朝下，药液浓度分别为 0.01μg/mL、0.1μg/mL、1μg/mL、10μg/mL、100μg/mL。同时设空白对照。然后每个葡萄叶圆片上接种 10μL 该菌的孢子囊悬液，孢子囊悬液浓度为 50 000 个/mL。然后处理的叶片放在白天 18℃、光照 12h、夜间 15℃条件下培养。处理 10 天以后，观察记录孢子形成率，根据此数据，进而求出 EC_{50}。

10. 灰霉病菌对速克灵等杀菌剂抗性发展的监测方法

1）采集病菌菌株

在灰霉病菌寄主（如草莓、葡萄等）上采集发病叶片、果实等。保湿运往生物测定实验室。

2）菌株的纯化

经表面消毒后，将该菌接种在 PSA 培养基上，25℃条件下培养 3 天后，在菌落边缘用 5mm 打孔器取菌丝块，供各种生物测定的菌落直径法使用。如需要培养分生孢子，将菌丝接种在 PSA 培养基上，25℃黑暗条件下培养 4 天，经紫外线照射，再在 25℃条件下培养 7 天，就会有大量分生孢子产生，供接种及单孢分离使用。

3）单孢分离菌株的制备

由上述方法产生大量分生孢子，每皿中加入 10mL 无菌蒸馏水，用灭菌的橡胶头摩擦菌落表面制备分生孢子液，用接种环将分生孢子液涂在水琼脂培养基（12g 琼脂＋1000mL 蒸馏水）平板上培养，在 40 倍显微镜下检查，选择只含一个分生孢子的琼脂块，移至含乳酸的 PSA 培养基上，在 25℃黑暗条件下培养 3 天，即形成单孢小菌落，将它移至普通的 PSA 培养基上，培养 3 天后，即可供各种生物测定或保存之用。

4）药剂处理

将直径 5mm 菌丝块分别接种在含不同浓度速克灵的 PSA 培养基上，在 25℃条件下培养 3 天。然后观察记录菌落半径，求出生长抑制率，进而得到 EC_{50} 值。

5）抗性水平的评价

正常情况下 1μg/mL 的速克灵足以抑制该菌的生长，但抗性产生以后该菌甚至能在 1000μg/mL 的速克灵处理的条件下正常生长。这些都可以作为抗性水平评价的参考资料。

11. 榆树枯萎病菌（*Cerastocystis ulmi*）对多菌灵抗性发展的监测方法

1）采样

采集寄主发病部分。保湿运往生物测定实验室。

2）菌株分离与纯化

对样本进行表面消毒后，接种到 MEA（malt extract agar）培养基上进行培养。

3）药剂处理

将纯化菌株的菌丝接种到含有不同浓度多菌灵的 MEA 培养基上培养，为避免多菌灵引起培养基的细菌污染，可以加入一定量的抗菌素（如 30～100μg/mL 的链霉素），但应该注意的是在使用抗菌素的同时，要设相同浓度的抗菌素对照。然后观察记录菌丝生长情况，计算生长抑制率，进而求出 ED_{50}。

也可以通过孢子萌发法来进行生物测定。具体方法是：将该菌在 MEA 培养基上培养 10 天，然后将单核的分生孢子从培养基表面取下，加无菌蒸馏水，制备分生孢子悬液，孢子悬液浓度为 5×10^8 个孢子/mL。分别将 0.1mL 的孢子悬液接种到含有 0.5μg/mL 多菌灵的 MEA 培养基上，在 25℃无光照条件下培养。然后通过在不含药剂的 MEA 培养基上培养稀释处理过的孢子悬液，观察记录分生孢子死亡率。从而判断抗性水平以及抗性菌株出现的频率。

12. 柑橘青霉病菌对苯并咪唑类杀菌剂抗性发展的监测方法

1）采样

可以分别在果园、包装地和储藏地采集被柑橘青霉病菌侵染的柑橘。具体的采样方法是：对柑橘进行抽样检查，了解它们在果园、包装地和储藏地被该菌侵染的情况，如腐烂率等。然后采集烂果，运回生物测定实验室。

2）菌株的分离与纯化

将采集的烂果经表面消毒后，分离该菌孢子并接种到 PDA 培养基上。然后通过单孢培养技术，最终获得该菌的纯培养菌种。

对无病柑橘用 500μg/mL 次氯酸钠溶液浸泡 5min 进行表面消毒，然后晾干并在柑橘表面划 1cm 长，1cm 深的小口。将纯化菌种的菌丝用 5mm 直径打孔器切取菌丝块并接入小口中。接种的柑橘分别放在塑料内，18～22℃条件下培养 7 天。

3）药剂处理

将上述菌株经 PDA 培养基培养 5 天左右，在菌落的边缘取菌丝块（直径约 5mm）并接种到含有不同浓度苯并咪唑类杀菌剂的 PDA 培养基上。含有不同浓度苯并咪唑类杀菌剂 PDA 培养基，是将不同浓度苯并咪唑类杀菌剂药液加在熔化后约 48℃的 PDA 培养基中，均匀地混合，经冷却而制成。

4）结果的观察和记录

上述处理菌株在 25～28℃条件下培养 9 天后，观察并记录菌落生长半径。根据该菌在不同浓度药剂处理条件下的生长情况，找出 MIC 值。

5）菌株抗性水平的评价

按下列标准判断菌株的抗性水平：

第一，MIC 小于 1μg/mL 时，为敏感；

第二，MIC 在 2～100μg/mL 之间时，为中抗；

第三，MIC 大于 100μg/mL 时，为高抗。

13. 灰霉病菌对代森锰锌和福美双抗性发展的监测方法

1）采样

可以分别在田间、果园、温室等地，选取被灰霉病菌侵染的寄主采集菌株。

2）菌株的分离与纯化

将采样进行表面消毒后，取该菌菌丝或孢子并接种在 PDA 平板上进行培养。

3）药剂处理

将上述纯化菌株接种到含有不同浓度代森锰锌（mancozeb）和福美双（thiram）的 PDA 培养基上。处理浓度分别为：1500μg/mL、2500μg/mL、5000μg/mL。同时设空白对照。重复 3～5 次。

4）结果的观察和记录

上述处理菌株培养 5 天后，观察并记录不同浓度处理菌株的菌落生长半径，求出对菌丝的生长抑制率和 EC_{50}。

14. 立枯丝核菌对苯并咪唑类杀菌剂抗性发展的监测方法

1）采样

分别在不同温室或田间，选被立枯丝核菌侵染的蔬菜寄主采集菌株。

2）菌株的分离与纯化

将采样进行表面消毒后，取该菌菌丝并接种在 PDA 平板上进行培养。

3）药剂处理

将上述纯化菌株接种到含有不同浓度多菌灵（carbendazim）的 PDA 培养基上。处理浓度分别为：1μg/mL、5μg/mL、50μg/mL。同时设空白对照。重复 3～5 次。

4）结果的观察和记录

上述处理菌株培养 5 天后，观察并记录不同浓度处理菌株的菌落生长半径，求出对菌丝的生长抑制率和 EC_{50}。

15. 枝孢属菌种对苯并咪唑类及其他杀菌剂抗性发展的监测方法

1）采样

分别在不同温室和田间，选被枝孢属菌种侵染的蔬菜、西瓜等寄主采集菌株。

2）菌株的分离与纯化

将采样进行表面消毒后，取该菌菌丝并接种在 PDA 平板上进行培养。

3）药剂处理

将上述纯化菌株接种到含有不同浓度多菌灵、福美双和代森锰锌的 PDA 培养基上。处理浓度分别为：多菌灵 1μg/mL、50μg/mL、500μg/mL、1000μg/mL；

福美双 1500μg/mL、2500μg/mL、5000μg/mL；

代森锰锌 1500μg/mL、2500μg/mL、5000μg/mL。

同时设空白对照。每个处理重复 3～5 次。

4）结果的观察和记录

上述处理菌株培养 5 天后，观察并记录不同浓度处理菌株的菌落生长半径，求出不同药剂对该菌菌丝的生长抑制率，进而计算出它们的 EC_{50} 值。

16. 核盘菌对苯并咪唑类杀菌剂抗性发展的监测方法

1）采样

分别在不同温室和田间，选被核盘菌侵染的蔬菜、大豆等寄主采集菌株。具体的方法有两种：一种是采该菌的菌丝。将寄主被该菌侵染并引起腐烂的部位，如茎、叶、花等采下，保湿带回实验室。另一种是采该菌的菌核。在秋季收割后或春季播种前，到菌核病严重的地块随机取土，一般取 0～20cm 深的土壤即可。将土样带回，用水冲洗，筛出土中的菌核。

2）菌株的分离与纯化

将采来的菌丝或菌核进行表面消毒，可以用75%的乙醇浸泡3～5min，然后把菌丝或菌核接种在PDA平板上进行培养，在培养基里也可加入一定量的抗菌素，如30～100μg/mL的链霉素。在22℃条件下培养3～5天即可得到该菌的纯化菌株。

3）药剂处理

将上述纯化菌株接种到含有不同浓度多菌灵的PDA培养基上。处理浓度分别为：0.01μg/mL、0.1μg/mL、0.3μg/mL、0.6μg/mL、1.2μg/mL、3μg/mL、30μg/mL。

同时设空白对照。每个处理重复3～5次。接种方法也有两种：一种是接种菌丝。将上述纯培养的菌丝接种在PDA培养基上，在22℃无光照条件下培养3天左右，以菌落边缘菌丝尚未触及培养皿边缘，尚未开始集结、增厚时为最佳时期。此时在菌落边缘用5mm直径打孔器取菌丝块，接种到上述含多菌灵的PDA培养基上。经22℃无光照条件下培养24h后开始观察记录菌落生长半径。观察还可以在36h、48h、72h后再进行几次。另一种是接种菌核。将纯化的菌丝接种到PDA培养基上培养菌核，经22℃无光照条件下培养1～2个星期，将成熟的菌核从培养基中分离出来，接种到上述含多菌灵的PDA培养基上。经22℃无光照条件下培养约3天后开始观察记录菌落生长半径。观察还可以在4、5、6天后再进行几次。

4）抗性水平的评价

根据观察记录的菌落生长半径，求出不同浓度药剂对该菌菌丝的生长抑制率，再根据浓度与生长抑制率的关系，进而找出它们的EC_{50}值，从而评价该菌对多菌灵抗性的水平。

17. 梨黑斑病菌对多抗霉素(polyoxin)抗性发展的监测方法

1）采样

到梨园的梨树上分别采集被梨黑斑病菌侵染的树叶和果实，保湿运回实验室。

2）菌株的分离与纯化

将样本进行表面消毒后，取该菌菌丝并接种在PDA平板上进行培养。

3）药剂处理

将上述纯化菌株接种到含有不同浓度多抗霉素的PDA培养基上。同时设空白对照。每个处理重复3次。

4）结果的观察和记录

观察并记录不同浓度处理菌的菌落生长半径，求出各浓度药剂对该菌菌丝的生长抑制率，根据各浓度与对该菌菌丝生长抑制率的关系，找出EC_{50}值。

5）抗性水平的评价

根据EC_{50}值判断该菌对多抗霉素的抗性水平。

18. 稻瘟病菌对春雷霉素(kasugamycin)抗性发展的监测方法

1）采样

到田间的水稻上采集被稻瘟病菌侵染的叶片，保湿运回实验室。

2）菌株的分离与纯化

将叶片进行表面消毒后，从病斑上取该菌分生孢子并接种在稻叶培养基上进行培养。

稻叶培养基的配方如下：

新鲜稻叶	50g
蔗糖	2g
琼脂	2g
蒸馏水	1000mL

3）药剂处理

一种方法是在上述纯化菌株的菌落边缘取菌丝块，接种到含有不同浓度春雷霉素的水稻叶培养基上。同时设空白对照。每个处理重复 3 次。另一种方法是将该菌的分生孢子接种到含有 100μg/mL 春雷霉素的水稻叶培养基上。

4）结果的观察和记录

按第一种方法，处理菌在 28℃条件下经 5 天的培养后，观察并记录该菌的菌落生长半径，求出各浓度药剂对该菌菌丝的生长抑制率；按第二种方法，处理菌在 28℃条件下经 20h 的培养后，在显微镜下观察孢子萌发情况。

5）抗性水平的评价

一般来说，敏感菌不能在 100μg/mL 的春雷霉素浓度下生长。因此在第一种测定方法中，任何能在 100μg/mL 的春雷霉素浓度下生长的菌株都是抗性菌株；在第二种测定方法中，任何能在芽管上形成二次分枝的菌株都是抗性菌株。

19. 水稻纹枯病菌对井冈霉素(jinggangmycin)抗性发展的监测方法

1）采样

到水稻田间采集被水稻纹枯病菌侵染的水稻叶鞘，保湿运回生物测定实验室。

2）菌株的分离与纯化

将水稻叶鞘切成碎片，用 75%乙醇等进行表面消毒，然后用无菌蒸馏水冲洗三次，将表面消毒的叶鞘碎片接种在含有 100 单位的链霉素和氯霉素(chloramphenicol)的水琼脂培养基上。当菌丝出现时，取单菌丝末端转接到新的培养基上，所培养菌丝为生物测定之用。

3）药剂处理

药剂处理所用培养基的配方是：

酵母菌的提取液	10g
蔗糖	30g
天冬酰胺(asparaginate)	2g
KH_2PO_4	1g
NH_4NO_3	3g
$MgSO_4$	1g

琼脂	18g
蒸馏水	1000mL

此培养基的 pH 应为 7。

从上述纯培养菌落边缘取直径为 5mm 的菌丝块，然后将菌丝块接种到含有 0.5μg/mL 井冈霉素的 PSA 培养基上。同时设空白对照。此外也可以在植物活体上进行生物测定[100]。

4）结果的观察和记录

上述处理菌在 28℃条件下，经 30h 的培养后，观察并记录该菌的菌落生长半径，求出各浓度药剂对该菌菌丝的生长抑制率。根据各处理浓度与对应的生长抑制率的关系找出 EC_{50} 值。

5）抗性水平的评价

根据其 EC_{50} 值进行抗性水平的评价。一般来说，敏感菌的 EC_{50} 值不超过 0.5μg/mL。从上述这些具体的监测方法中可以看出，它们都是抗性监测一般步骤在具体病原菌对具体杀菌剂监测中的表现。这些方法还需要不断完善。特别是在不同条件下应用这些方法时，要根据具体情况对它们进行必要的改进，以提高监测的水平。另外，随着新技术、新方法的出现，也将对上述监测方法不断进行修改。使之逐步向着既简便易行又准确可靠的方向发展。

第二节　抗药性治理及其分子生物学原理

有了对抗药性准确有效的监测还不够，最终还要落实到抗药性的治理上来。目前病原菌的抗药性问题虽然还不如害虫抗药性问题那样严重，但任其发展下去，后果是不堪设想的。因此，一定要在准确有效监测的基础上，主动地采取各种措施，以预防抗药性的发展。

对于抗药性进行治理的手段主要包括这样几个方面：首先应该搞好病害的预测预报和综合防治；其次要改进杀菌剂的施用方法，例如，要实行药剂的混用、轮换使用、新药的及时更换；还要注意开发利用增效剂；另外要运用分子生物学方法推进抗药性的治理，提高抗药性治理的水平。下面就这几个方面详细加以说明。

一、病害的预测预报和综合防治

为了预防抗药性的产生，要努力降低杀菌剂对病原菌的选择压力。在不影响防治效果的前提下，尽量减少杀菌剂的用量和使用频率。要达到这一目的，就要搞好病害的预测预报，充分利用综合防治的原则和手段，例如，调动和协调耕作栽培手段、生物防治措施、抗病育种方法、化学防治措施等，使它们有机地结合在一起，从而正确掌握施药次数和用药量。

在病害防治中，长期存在着单独依靠化学防治措施的倾向。这种想法和做法一定要改变。要尽最大的可能,调动各种可能被利用的方法和手段于病害防治的体系之中。要尽最大的可能,减小每一种具体的方法、手段在病害防治体系中所承担任务的比重,特别是化学防治措施在防治体系中的比重。这是综合防治思想的新发展,也是减少杀菌剂的用量和使用频率、减轻杀菌剂对病原菌的选择压力,从而预防或延缓抗药性产生的重要途径。

此外,搞好病害的综合防治预测预报是一个关键环节。在病害的预测预报过程中,其准确性非常重要。然而病害预测预报的准确与否,又很大程度上取决于对病害发生规律认识的深度。因此要提高病害预测预报的准确性。要使从事病害防治工作的人们掌握准确预测预报病害的本领,就要在学习、认识、熟悉病害的发生规律上下工夫。有些时候,由于各种方法的综合运用和气候条件对病害发生的不利影响,病害很可能在不使用杀菌剂的情况下就能得到有效的控制。但是,如果对病害的发生规律认识不够,知之甚少,上述情况即使发生,也不能被发现,更谈不上利用。结果,只能是盲目用药,即浪费了钱财,又增加了病菌发展其对杀菌剂抗药性的机会。因此要通过提高病害预测预报水平来杜绝此类事情的发生。

二、改进杀菌剂的施用方法

杀菌剂的施用方法有多种。这些不同的方法对病原菌抗药性的发展有着不同的影响。有些方法会使病原菌抗药性的发展加快;而有些方法会有助于病原菌抗药性的预防或延缓。下面就着重介绍一些有助于病原菌抗药性的预防或延缓的方法。

(一)药剂的混用

药剂的混用是预防病原菌抗药性产生的有效方法之一。它的优点很多。例如,它可以数病兼治,扩大防治范围;可以增强药效,减少药剂用量;可以降低成本,节省人力物力。因此这种方法已被越来越多的人所接受。

药剂的混用后会出现以下几种情况:第一种情况是不相关联合作用,即两种或两种以上药剂分别独立地作用于病原菌的不同作用位点,它们的作用机理各不相同,它们之间互不发生毒理学上的影响。第二种情况是相加联合作用,即所混合各种药剂的作用机制相同,但它们之间也互不发生影响,它们的杀菌作用是相加或相互代替。第三种情况是协合作用,所混用的药剂之间互相发生影响,或者是增效作用,或者是拮抗作用。

从生物测定的实验结果来看,药剂混用后不外乎这样三种情况:药效相加;相互增效;相互拮抗。药效相加就是混合后,其药效等于各混剂药效之和。相互增效就是混合后,其药效大于各混剂药效之和。相互拮抗就是混合后,其药效小于各混剂药效之和。那么混合用药的理论根据就在于药剂之间的增效作用。当然药效相加在一定条件下也可以利用。

药剂混用后之所以会发生上述不同的情况，原因在于混用后药剂间会发生各种物理或化学变化。药剂混用后的物理变化主要是指粉剂的粉粒细度、比重、分散性；可湿性粉剂的悬浮率、湿润性、展着性；乳油的乳化性、分散性、湿润性、展着性等发生了变化。如果这些性质受到破坏，则混合不能进行。

药剂混用后的化学变化更为复杂。首先是对碱性敏感的药剂，在碱性条件下会迅速分解失效，因此它们不能与碱性药剂混合。杀菌剂中的碱性药剂主要有波尔多液和石硫合剂，石硫合剂的碱性更强些。而有些含硫的有机杀菌剂对碱性是很敏感的。所以波尔多液和石硫合剂这样的杀菌剂就不能与上述含硫的有机杀菌剂混用。其次是对酸性敏感的药剂，杀菌剂对酸性的敏感虽不像对碱性敏感那样突出，但也有些杀菌剂在酸性条件下会降低药效。例如，有机硫杀菌剂中就有很多对酸性敏感，多菌灵、萎锈灵以及福美双系统的多种杀菌剂都对酸性不稳定。因此它们都不能与酸性药剂混用。另外，杀菌剂之间还可能发生复分解反应。在离子型药剂之间就容易发生这类反应，从而使药剂失效甚至造成药害。例如，波尔多液和石硫合剂虽然都是碱性药剂，但却不能混用。因为硫化物与波尔多液中的铜会发生复分解反应，形成硫化铜而失效，而且硫化铜还会引起药害。在药剂混用中复分解反应是较为常见的，例如，石硫合剂与代森锌、代森锰等混用会使后者转变成溶解度较大的钙盐，容易引起药害。这两种杀菌剂若与铜制剂混用，则会使活性较大的铜素杀菌剂转变成活性较差的代森铜盐，从而降低药效。

综上所述，药剂混用后会发生的物理和化学变化，特别是化学变化是很复杂的。有些反应甚至无法预测，因此在药剂混用前一定要测定其毒力和药害，进而做田间药效试验。只有在这些方面合格的基础上，这种混用才能进行。

药剂混用的方式一般有两种：一种是使用现成的混合制剂；另一种是现场混用，它又包括自行设计的混用和罐混制剂两种。

在实践中人们发现，内吸性治疗剂与非内吸性保护剂的混用是最合适、最有效的。有人认为，当病原菌对内吸性治疗剂产生了抗性以后，后一种化合物可以减少突变体孢子的产生和扩散。例如，瑞毒霉加代森锰锌，可以消除瑞毒霉单剂容易引致各种作物霜霉病菌的抗药性。此外，两类药剂的混用还必须实施于抗性菌系成为显著因子之前。例如，花生叶斑病菌对苯来特的抗性在该药剂使用三年后就产生了，但如果苯来特一开始就与代森锰混用，至少能控制 80%的抗性菌系，则田间的抗药性可以无限期地延缓。若在苯来特单独使用一年或两年后再与代森锰混用，延缓期会缩短，但仍会有一段显著的时期。

在进行杀菌剂混用的时候还要注意。

(1) 作用机制相同的杀菌剂不宜混用。因为作用机制相同杀菌剂间的混用非但不能延缓抗药性的出现，反而会引起交互抗性的产生。

(2) 尽可能增加混合配方的数量。

(3) 尽可能增加混合配方中的药剂数目。

（二）轮换用药

长期的实践表明，连续使用单一的杀菌剂品种很容易导致病原菌产生抗性问题。因此在病害防治中，要避免长期使用单一的药剂品种，以防止抗药性的产生。交替用药也要注意选择那些作用对象相似而作用机制不同的药剂。要用尽可能多的药剂品种参加轮换，延长轮换周期。

（三）及时更换新药剂

在了解现有已经出现抗药性问题杀菌剂的作用机理的基础上，研制与它们作用机制不同的新药，以代替被抗药性困扰着的旧杀菌剂，是预防和治理抗药性问题的又一重要途径。然而这种方法的局限性很大。因为一个新药剂品种的出现并非易事，要经过长期的研究试验，要消耗大量的资金，因而这个办法只能在有了新药剂品种的前提下使用。

（四）开发利用增效剂

增效剂(synergist)就是本身没有杀菌作用，但是一经混入杀菌剂就能使杀菌效果明显提高的一类化合物。目前杀虫剂增效剂的应用已经成功，而杀菌剂增效剂的开发利用还很落后。因此要借鉴杀虫剂在这方面成功的经验，加强研究，努力开发杀菌剂增效剂。通过增效剂的使用来减少杀菌剂的用量，延缓抗药性的产生。

（五）改进施药技术

施药技术对抗药性产生的影响也是不容忽视的。越来越多的观察表明，施药浓度的不同对抗药性的产生有很大影响。例如，在一般情况下，施药浓度高会减少抗性突变体出现的比率，但对抗性水平较高的抗性突变体来说，高浓度又会加快抗性菌系的形成。因此，通过改进施药技术准确控制施药浓度对于延缓和防止抗药性的产生是十分必要的。

另外，不同的施药方法也对抗药性的产生有着不同的影响。例如，观察表明，药剂的土壤处理与其他方法比较，更容易引起抗药性的产生和发展。虽然对它的具体机制尚不十分了解，这种现象提醒我们在使用杀菌剂的过程中，应在可能的条件下尽量避免土壤处理。

此外，在新杀菌剂研究的过程中，对一种有前途的化合物，在实际应用之前，必须了解病原菌对它产生抗药性的潜在可能，即在室内试验中出现抗性的频率。出现抗性频率高的化合物不宜推广。在杀菌剂的使用技术上也要有所注意。因为在某些具体情况下，有的使用技术也会加快抗性的出现。例如，种子处理在某些病害的防治中就有利于病原菌抗药性的发展。

三、抗药性治理的分子生物学原理

随着现代生物技术的飞速发展，在抗药性治理的实践中应用分子生物学原理，已经形成了一个崭新的研究领域。人们通过研究抗药性的分子生物学基础，利用对抗药性基因的认识，开展了在植物病害生物防治菌中运用抗药性基因的探索。

大家知道，植物病害生物防治在植物病害综合防治中具有重要的作用，而综合防治在又是治理抗药性最有效方法。然后，由于植物病害生物防治菌多数对化学杀菌剂非常敏感，无法与化学农药共同使用，致使植物病害生物防治菌难以在植物病害综合防治中发挥其标本兼治的防病作用，也就使得综合防治本身无法得以实施，它在治理抗药性中的重要作用也就无从谈起了。为了解决这一难题，作者在国内外率先开始尝试通过基因工程手段，改造生物防治菌，将抗药性基因转入生物防治菌。一旦抗性基因在生物防治菌中得以稳定表达，它们就可以在综合防治体系中发挥作用。

实践证明利用基因工程方法改造生物防治菌，是一个行之有效的方法。到目前为止作者已经在木霉和毛壳菌中成功地进行了对苯并咪唑类杀菌剂抗性基因的转化，并获得了抗药性稳定表达的转化子。

在进行上述生物防治菌的基因工程改造时，主要经过下列几个步骤。

（一）目的基因的获得

通过对抗药性基因的分子生物学研究，了解其碱基序列，将分离扩增。随着基因组学研究的迅速发展，借助国际基因组数据库的信息，也可以获得相关基因的序列，从而比较快速地得到所需要的目的基因。

（二）目的基因的克隆

为了利用转化所获得的抗药性基因，需要将分离和扩增的抗药性基因连接到适当的载体上。目前应用最广泛的仍然是细菌的质粒。但其他类型的载体也在逐步进入基因操作领域，例如，病毒、人造载体等。目的基因将以此为载体，在基因转化过程中把目的基因带入宿主细胞。

（三）宿主微生物感受态细胞的制备

通过酶的作用，把取来的宿主特定生长期的细胞进去壁处理，制成目的基因易于穿透的原生质球，并且根据不同微生物的生长特性，选择这些微生物细胞处在感受态时期进行原生质体球制作，以供基因转化之用。这样的感受态原生质球可以最大限度地吸收外源基因。因此，利用感受态原生质球进行基因转化，能大大地提高转化率。

(四) 目的基因的转化

克隆到载体上的抗药性基因与制备成感受态细胞的生物防治菌在特定的条件下进行共培养，一般需要 24h 以上即可以实现抗药性（目的）基因的成功转化。到目前为止，基因转化的方法也有了很大发展。除了过去常用的缓冲液转化法，又出现了农杆菌介导法、基因枪转化法等。这些方法的问世和广泛应用，也大大地提高了基因的转化效率。

(五) 目的基因表达的检测

由于抗药性基因的特殊表现，可以通过制备含药剂培养基筛选出表达抗药性基因的转化子。这使转化子的筛选比其他基因转化的转化子筛选要容易得多。筛选转化子后，还要通过分子杂交了解转化基因在宿主细胞中的状态。要准确了解抗药性基因是否整合到了宿主微生物的染色体上。

(六) 转化子的生物测定

对得到的转化子最终还要进行抗药性水平的测定、抗性稳定性的测定、生物防治效果的定、生长特性的测定。因为我们进行抗药性基因转化的目的是要在植物病害生物防治中应用这些转化子，所以它们仅仅具有较高的抗药性是不够的，它们还必须保持其原有的生长特性和生物防治功能。

第三节　抗药性治理的实践

前面着重介绍了抗药性治理的理论原则及其分子生物学原理。在这些理论原则的指导下，人们已经在抗药性治理的过程中有了一些成功实践。这些实践都是上述理论原则在具体病原菌对具体杀菌剂抗药性治理过程中的体现。下面就对这些实践情况，举出几例，加以介绍。这一方面有助于我们对抗药性治理的理论原则的理解，另一方面也将进一步丰富和发展抗药性治理理论的内容。

一、治理葡萄灰霉病菌对多菌灵和二甲酰亚胺类等杀菌剂抗药性的方法

在法国为了预防葡萄灰霉病菌对多菌灵、diethofencarbe 和二甲酰亚胺类杀菌剂产生抗药性，在防治葡萄灰霉病的过程中采用的方法是：

先在开花末期、结果初期，采取多菌灵和 diethofencarbe 的混用。然后在葡萄穗已经形成的时候，交替使用二甲酰亚胺类杀菌剂和福美双。最后在葡萄穗开始变色趋于成熟的时候，使用二甲酰亚胺类杀菌剂。

由于采取了上述方法，在法国的大部分葡萄产区，有效地避免了葡萄灰霉病菌

对多菌灵、diethofencarbe 和二甲酰亚胺类杀菌剂抗药性的产生。对葡萄灰霉病菌的防治效果也比较理想。然而上述方法一定要在该菌对多菌灵、diethofencarbe 和二甲酰亚胺类杀菌剂产生抗药性之前就开始实施，一旦该菌对多菌灵、diethofencarbe 和二甲酰亚胺类杀菌剂产生了抗药性，上述方法就没有意义了。因此，这是一个预防葡萄灰霉病菌对多菌灵、diethofencarbe 和二甲酰亚胺类杀菌剂产生抗药性的方法。

二、治理草莓灰霉病菌对多菌灵抗药性的方法

研究表明，轮作是控制草莓灰霉病菌抗药群体发展的有效栽培措施之一。例如，在我国江苏新沂、东海当年新植草莓田块连续 3 年的检测表明，没有任何抗性菌株产生。另外采取药剂混用或交替使用也是控制该菌抗性种群发展的有效方法。具体的方法包括：①多菌灵与福美双混合；②多菌灵、速克灵、代森锰锌轮换使用。

上述方法不但对防止抗药性的产生有效，而且对于已经产生抗性的种群也有作用。例如，在苏南一些地区由于该菌对多菌灵一类杀菌剂产生抗药性，该病的化学防治难以进行。采用了轮作和不同作用机制杀菌剂的轮换使用以后，使该菌对多菌灵一类杀菌剂的抗性发展得到了有效控制，使病原菌群体内抗性菌株所占的比例下降。

另外，利用负交互抗性也会对抗性菌的治理起积极作用。例如，TH-92 就对多菌灵表现负交互抗性。田间试验的结果表明，它在甜菜褐斑病、灰霉病菌对多菌灵、甲基托布津产生严重抗性的田块，具有良好的防治效果。

三、治理水稻恶苗病菌对多菌灵抗药性的方法

为了防止水稻恶苗病菌对多菌灵抗药性的产生，采用了不同杀菌机制杀菌剂的混合使用方法。对于防止水稻恶苗病菌对多菌灵产生抗药性发挥了重要作用。除了实行药剂混用以外，还要注意开发新的杀菌剂品种。例如，TH-88（浸种灵）就是一种新药，它能有效地控制和克服水稻恶苗病菌对多菌灵抗药性的产生和发展。药剂混用还具有同时防治多种病害的效果。

四、治理稻瘟病菌对有机磷类杀菌剂抗药性的方法

在稻瘟病菌没有对有机磷类杀菌剂产生抗药性之前，可以采取药剂混用、药剂轮换等方法防止稻瘟病菌对有机磷类杀菌剂产生抗药性。

当稻瘟病菌对有机磷类杀菌剂已经产生了抗药性以后，由于稻瘟病菌中抗性菌株在种群中的比例会随着有机磷类杀菌剂被其他药剂代替而逐渐减小，可以采用更换杀菌剂新品种的方法来治理稻瘟病菌对有机磷类杀菌剂的抗药性问题。实践证明，采用更换杀菌剂新品种的方法，对于治理稻瘟病菌对有机磷类杀菌剂的抗

药性问题效果良好。

另外，科学使用杀菌剂，对用药量和用药次数严格按照说明书操作，避免过量、过频使用这类杀菌剂，对治理稻瘟病菌对有机磷类杀菌剂产生抗药性问题，也具有积极作用[101]。

五、治理梨黑星病菌和苹果黑星病菌对苯并咪唑类杀菌剂抗药性的方法

治理梨黑星病菌和苹果黑星病菌对苯并咪唑类杀菌剂的抗药性，要以预防为主。借鉴对其他病菌对苯并咪唑类杀菌剂抗药性的治理方法，避免连续长期使用，代之以作用机制不同药剂的混用和交替使用。一旦这两种菌对苯并咪唑类杀菌剂产生了抗药性，要立即更换新药剂。据观察，停止使用苯并咪唑类杀菌剂以后，它们种群中的抗性菌株一般并不消失。例如，在梨黑星病菌对苯并咪唑类杀菌剂产生了抗药性以后，停止使用该类药剂 7～8 年，该菌对苯并咪唑类杀菌剂的抗药性仍然存在，并且没有下降。另外，在苹果黑星病菌对苯并咪唑类杀菌剂产生了抗药性以后，停止使用该类药剂，也不能使苹果黑星病菌对苯并咪唑类杀菌剂的抗药性明显下降[102]。当然，在日本不同地区的菌株表现不完全一样。在某些地区，梨黑星病菌对苯并咪唑类杀菌剂的抗性菌株经过停止使用苯并咪唑类杀菌剂 5 年以后，由高抗逐渐变为中抗、低抗甚至敏感[103]。尽管如此，也应以预防为主，尽量避免抗药性的产生。

六、治理梨黑星病菌和苹果黑星病菌对 DMI 杀菌剂抗药性的方法

在治理梨黑星病菌和苹果黑星病菌对 DMI 杀菌剂抗药性的治理中，准确预报抗药性发展速度是很重要的。据观察，梨黑星病菌和苹果黑星病菌对 DMI 杀菌剂抗药性的发展并不因长期连续使用 DMI 杀菌剂与否而出现明显差别，梨黑星病菌和苹果黑星病菌的抗药性发展比较缓慢。尽管如此，为预防梨黑星病菌和苹果黑星病菌对 DMI 杀菌剂抗药性的出现，也要尽量采用与作用机制不同药剂混用的方法来防治梨黑星病菌和苹果黑星病菌。

另外，科学使用这类杀菌剂，在用药量和用药次数上也要严格按照使用说明的要求用药，对于防止梨黑星病菌和苹果黑星病菌对 DMI 杀菌剂产生抗药性也有重要作用。

七、治理梨黑斑病菌对多抗霉素抗药性的方法

梨黑斑病菌对多抗霉素（polyoxin）的抗性菌株一般对敌菌丹（captafol）、喹啉铜（oxine-copper）一类杀菌剂不产生抗性。因此，当该菌对多抗霉素产生了抗性以后，人们往往用敌菌丹、喹啉铜这类杀菌剂代替多抗霉素。停止使用多抗霉素的结

果，使该菌对多抗霉素抗性菌株的抗性水平逐渐下降，尽管在停用一年后，该菌种群中高抗菌株还占主导地位。但停用十年后，在该菌种群中几乎找不到高抗菌株。

另外，多抗霉素与喹啉铜混用也有助于该菌对多抗霉素抗性的预防和延缓。同时通过改善耕作栽培措施，例如，育种等，可以减少用药量或用药次数，从而起到预防该菌对多抗霉素产生抗性的作用[48]。

上述对不同病原菌抗药性治理的实践仅仅是应用已有病原菌抗药性治理策略的开始。从这些实践中可以看出，在具体病原菌抗药性治理过程中，对于已有治理策略的应用还很不够。因此还有很大的潜力。另外，已有病原菌抗药性治理策略也要随着这方面研究工作的发展而不断改进，从而为抗药性治理的实践提供更多的指导。

第五章　抗药性利用的分子生物学

提起抗药性问题，人们长期以来只把注意力集中在它的消极方面，研究它的机制，研究治理它的办法。至于抗药性的利用还很少有人考虑过。那么抗药性是不是也和世界上其他事物一样，也具有两重性呢？它究竟有没有可以利用的地方呢？如果有，又怎样进行利用它们呢？特别是能否运用现代生物技术帮助我们利用抗药性呢？这一系列问题都在这一章里面进行讨论。

第一节　抗药性利用的可能性

关于抗药性利用(utilization of the resistance)的问题，是一个被许多人忽视的领域。因此对它的可能性还缺乏研究和了解。在许多人的心目中抗药性只是一个对化学防治产生很大威胁的严重问题。因此人们的注意力完全地集中到了抗药性有害的一面。然而和世界上其他的事物一样，抗药性也存在着两重性。它除了具有人所共知的有害一面以外，还有可以为人们所利用的一面。

那么抗药性可利用的一面是什么呢？其实并不陌生，特别是第一个可利用的方面，就是抗药性中的一种，负交互抗性；第二个可利用的方面，则是近年来随着生物技术手段的迅速发展而出现的一个新的研究领域，抗药性基因的利用。这两方面为我们利用抗药性提供了客观的可能性。

对于负交互抗性的利用，出现的比较早。在人们发现负交互抗性这一现象以后便开始了这方面的尝试。由于负交互抗性的出现，病原菌对某种杀菌剂比正常情况下更为敏感，因此可以用较低的剂量来达到很好的防治效果。另外，对负交互抗性的利用，其操作也比较简单。然而，到目前为止，人们所发现的负交互抗性种类还相对较少。这在一定程度上限制了人们对它的利用，其发展潜力非常有限。

对于病原菌抗药性基因的利用，主要是用于提高植物病害生物防治植物、动物或微生物对化学农药的忍受能力。这方面的利用必然需要在具有抗药性的植物病原菌中进行抗性基因的分离，然后选择或构建合适的载体，进行抗性基因的重组，最后选择适当的方法进抗性基因的转化。因此，相对于负交互抗性的利用，抗性基因的利用要复杂得多。因为它所涉及的学科较多，是一个多学科交叉的研究领域。这使人们对于植物病原菌抗药性基因利用的难度远远高于负交互抗性的利用。但是，另外由于抗药性在植物病原菌中的存在远远多于负交互抗性，抗性基因的来源是非常丰富的。从这个意义上讲，它的发展前景要比负交互抗性的利用广阔得多。

下面就分别对负交互抗性的利用和抗性基因利用的分子生物学进行简要的介绍。

第二节 负交互抗药性的利用

在抗药性当中，首先被人们利用的是负交互抗性。而在应用负交互抗性于抗药性治理中的实践到目前为止，主要是利用苯并咪唑类杀菌剂抗性菌对 *N*-苯基氨基甲酸酯类杀菌剂和 *N*-phenylformamidoximes 的负交互抗性。

一、在防治灰霉病菌苯并咪唑抗性菌中的应用

当各种不同的病原菌对苯并咪唑类杀菌剂，在全世界相继产生抗性以后，人们发现这些病原菌对苯并咪唑类杀菌剂的抗性比较难以消失。为了防治这些苯并咪唑类杀菌剂抗性菌，以防止对这些植物病害失去控制，人们开始研制 *N*-苯基氨基甲酸酯类杀菌剂，如 methyl *N*-(3,5-dichlorophenyl) carbamate(MDPC)和 isopropyl *N*-(3,4-diethoxyphenyl) carbamate(diethofencarb,S-165)。这类杀菌剂对苯并咪唑抗性菌的活性明显高于对苯并咪唑类杀菌剂敏感植物病原菌。接着，人们发现 *N*-phenylformamidoxime 化合物，有代表性的产品包括 *N*-(3,5-dichloro-4-propynyloxyphenyl)-*N′*-methoxyformamidine(DCPF) 和 *N*-(3-chloro-4,5-dipropynyloxyphenyl)-*N′*- methoxyformamidine(CDPF)也对苯并咪唑抗性菌具有很好的防治效果。于是第一个运用 *N*-苯基氨基甲酸酯防治苯并咪唑抗性菌的制剂，diethofencarb 和多菌灵混剂，于 1987 年问世了。当时是在法国，用于防治葡萄灰霉病菌的苯并咪唑抗性菌。后来在世界各地也都取得了成功。

二、在防治梨黑星病菌苯并咪唑抗性菌中的应用

对梨黑星病菌的观察却出现了与灰霉病菌不同的情况。在梨黑星病菌的苯并咪唑抗性菌中，只有高抗型对 *N*-苯基氨基甲酸酯类杀菌剂和 *N*-phenylformamidoxime 化合物有负交互抗性，而中抗和低抗型对 *N*-苯基氨基甲酸酯类杀菌剂和 *N*-phenylformamidoxime 化合物并没有负交互抗性。

接着，人们在田间发现了对这两类杀菌剂，苯并咪唑和 *N*-苯基氨基甲酸酯类杀菌剂都具有抗性的菌株，并且是在以前从来没有使用过 *N*-苯基氨基甲酸酯类杀菌剂的情况下出现的。与此相类似，在田间也发现了对多菌灵和 DCPF 都具有抗性的菌株。这种情况的出现，为利用 *N*-苯基氨基甲酸酯类杀菌剂和 *N*-phenylformamidoxime 化合物防治梨黑星病菌的苯并咪唑抗性菌带来了困难。

为了进一步弄清病原菌对苯并咪唑的抗性与对 *N*-苯基氨基甲酸酯敏感性的关系，了解其遗传机理，人们对该菌的苯并咪唑抗性菌在与 *N*-苯基氨基甲酸酯的负交互抗性中表现出来的特殊性进行了深入的研究。首先，用 *N*-苯基氨基甲酸酯

类杀菌剂，diethofencarb、diethofencarb 加甲基托布津处理该菌苯并咪唑高抗菌。结果表明(表 5-1)：上述处理该菌苯并咪唑高抗菌的防治效果非常好。

表 5-1　不同处理对梨黑星病菌苯并咪唑高抗菌的药效

处理	发病叶/%	发病程度
Diethofencarb WP 250μg/mL	4.0a	1.1a
Diethofencarb WP 125μg/mL	6.7ab	1.4a
Diethofencarb＋甲基托布津 WP 500μg/mL	4.5a	0.7a
CDPF WP 100μg/mL	22.7c	5.3b
CDPF＋甲基托布津 WP 467μg/mL	6.4a	1.3a
甲基托布津 WP 467μg/mL	45.1d	9.7bc
Polycarbamate WP 938μg/mL	16.5bc	2.4ab
对照	65.4e	18.3d

注：表中数值后字母不同说明差异显著($P=0.05$)

其次，用 CDPF、CDPF 加甲基托布津等杀菌剂处理梨黑星病菌苯并咪唑中抗和低抗菌。结果表明(表 5-2)：上述处理对该菌苯并咪唑抗性菌均无防治效果。此外，对梨黑星病菌苯并咪唑高抗菌株在该菌种群中比例变化的观察表明，使用 diethofencarb 或 CDPF 处理该菌可以使高抗菌株的比例下降，低抗菌株的比例上升。另外，使用 diethofencarb 或 CDPF 与甲基托布津混合处理该菌也可以使高抗菌株的比例下降。但是中抗菌株占种群中的比例却没有变化。与此形成鲜明对照的是，使用甲基托布津处理该菌时，该菌种群中的抗性菌全部是高抗型。

表 5-2　不同药剂对梨黑星病菌苯并咪唑不同抗性菌的药效

处理	发病率/%			
	用药之前	4 次用药后	8 次用药后	12 次用药后
CDPF WP 100μg/mL	19.9[a](13.0)[b]	60.3(33.2)	94.1(46.6)	99.1(67.7)
CDPF＋甲基托布津 WP 467μg/mL	11.5(7.3)	60.1(34.5)	90.5(53.9)	99.7(67.9)
对照	24.7(16.5)	67.1(39.5)	94.4(56.1)	99.6(67.7)

a. 病叶率；b. 发病程度

对梨黑星病菌苯并咪唑抗性菌株的观察还表明(表 5-3)，在多数果园中分离的苯并咪唑高抗菌株，约 110 个都对 MDPC 和 DCPF 更加敏感。然而，在少数果园中分离的苯并咪唑高抗菌株，约 20 个或者对 MDPC 和 DCPF 都具有抗性，或者对二者之一具有抗性。而那些苯并咪唑中、低抗菌株，对 MDPC 和 DCPF 都具有抗性。既对苯并咪唑敏感又对 MDPC 和 DCPF 敏感的菌株还未被发现。

表 5-3 梨黑星病菌对不同杀菌剂的敏感性

菌源	多菌灵	MDPC(S) DCPF(S)	MDPC(S) DCPF(R)	MDPC(R) DCPF(R)
Akita	HR	11	0	0
No. 1	IR	0	0	8
No. 2	S	0	0	18
	IR	0	0	4
No. 3	WR	0	0	4
	S	0	0	3
Ibaraki	HR	18	0	0
No. 1	IR	0	0	21
	WR	0	0	8
	HR	0	18	2
No. 2	IR	0	0	10
	WR	0	0	19
Mei	HR	43	0	0
	S	0	0	8
Fukuoka	HR	56	0	0

注：HR. 高抗；IR. 中抗；WR. 低抗；R. 抗性；S. 敏感性

为了弄清该菌对 *N*-phenylformamidoxime 敏感性的遗传机制，用该菌对多菌灵高抗，对 CDPF 敏感的菌株分别与对多菌灵中抗且抗 CDPF 的菌株，或与对多菌灵敏感但抗 CDPF 的菌株进行杂交。杂交的结果表明，该菌对 CDPF 敏感性与其对多菌灵和 CDPF 的双抗性，并非相同基因所控制。特别是对多菌灵和 CDPF 双抗性的机制还需要进一步研究。

根据上述研究结果，利用对 *N*-苯基氨基甲酸酯类杀菌剂和 *N*-phenylformamidoxime 化合物防治梨黑星病菌苯并咪唑抗性菌株时，需要区别对待，只能有限制地加以利用[104]。

三、在防治水稻恶苗病菌等病菌中苯并咪唑抗性菌的应用

关于利用水稻恶苗病菌(*Gibberella fujikuroi*)的苯并咪唑类杀菌剂抗性菌株对 *N*-phenylformamidoime 化合物的负交互抗性，来防治水稻恶苗病菌对苯并咪唑类杀菌剂抗性菌的情形与梨黑星病菌的情形相似，此法只适用于该菌种群中对苯并咪唑杀菌剂的高抗菌株。对中抗和弱抗菌株效果不好。此外 *N*-phenylformamidoime 对甜菜褐斑病菌(*Cercospora beticola*)，桃褐斑病菌(*Monilinia fructicola*)以及 *Pseudocercosporella herpotrichoides* 等病菌的苯并咪唑高抗菌株也有很好的防治效果，但对它们的苯并咪唑中、低抗菌株的防治

效果也较差[23]。

第三节　对抗药性基因利用的分子生物学

对于植物病原菌抗药性基因利用的研究，得益于现代生物技术的迅猛发展。它们主要应用于生物防治菌。因为在生物防治过程中，长期制约生物防治方法广泛应用的瓶颈因素是：这些生物防治菌普遍对化学农药很敏感。因此无法在化学农药残留，哪怕是微量残留的土地上正常生长。长期以来，世界各国的植物病害防治专家曾经历尽艰辛，试图提高生物防治菌对化学农药的抗性，但始终没有令人满意的进展。自从现代生物技术问世以后，随着基因工程研究的飞速发展，这方面的研究才出现了突破性进展。

一、在害虫综合防治中对病原菌抗药性基因的利用

在应用植物虫害生物防治菌的过程中，同样存在对化学杀菌剂敏感的问题。由于这种敏感性的普遍存在，致使运用真菌进行害虫的生物防治受到了很大限制。因此人们开始尝试运用基因工程的方法来提高植物害虫生物防菌的抗药性。这方面的探索首先起源于 20 世纪 80 年代，加拿大学者开始在天敌昆虫（如 *Trichogramma minutum*）中筛选对杀虫剂的抗药性。以便使这些天敌昆虫能在农药存在的条件下安全使用，从而使生物防治和化学防治的结合，综合防治的真正实施成为可能。

此后，人们在这方面进行了长期、顽强的探索。其中，在绿僵菌（*Metarhizium anisopliae*）中转入对杀菌剂抗性基因的尝试获得了成功。

绿僵菌是一种害虫病原真菌，用于害虫的生物防治。但是，正常情况下绿僵菌和其他真菌一样，对那些用于植物真菌病害防治的杀菌剂（如苯来特）非常敏感。因此无法与杀菌剂同时使用。这就在一定程度上限制了绿僵菌对害虫的生物防治作用。为了解决这个问题，人们开始探索向绿僵菌中转入对杀菌剂抗性基因的可能性。

研究表明，绿僵菌在侵染昆虫的过程中能够产生多种角质层分解酶，这些酶类物质对于该菌侵染昆虫、引起昆虫发病具有重要的作用。为了使该菌在杀菌剂存在的条件下，也能产生多种角质层分解酶，并能正常地侵染昆虫、引起昆虫发病，达到防治虫害的目的，需要赋予该菌以对杀菌剂的抵抗能力。于是人们开始对苯并咪唑类杀菌剂的抗性基因进行深入研究。首先要知道该抗性基因的位置、功能和序列。经过长期、多方的努力，人们了解到了该抗性基因的分子生物学基础。原来，该基因在微生物中原本是 β-微管蛋白的结构基因。由于它的突变使真菌产生了抗药性。

然而，由于这种向昆虫病原真菌中转化抗药性基因的设想是史无前例的，尽管

弄清了抗性基因的分子生物学基础，许多工作也还要从头做起。由于苯并咪唑类杀菌剂是一类很常用的内吸性杀菌剂，人们首先想到利用对这类杀菌剂的抗性基因。设想让绿僵菌能在这类常用杀菌剂存在的条件下正常生长，正常发挥它对害虫的生物防治作用。

要达到上述目的，首先要选择合适的抗性菌，从中提取目的基因。经过比较，一株对苯并咪唑类杀菌剂具有很高抗性的曲霉菌被用来进行目的基因（β-微管蛋白基因的突变基因）的提取。目的基因的载体采用了大肠杆菌的质粒。将抗性基因与质粒重组后，形成重组 DNA。这里所构建的重组 DNA 质粒是 pBENA3，在该质粒上载有构巢曲霉的 benA3 等位基因，pUC19 的基因序列，将该质粒在大肠杆菌菌株 DH5α 中进行大量复制，为基因转化做好准备。

其次，是原生质体的准备。将绿僵菌菌株 ME1 接种于(SDB)培养基，在摇床上培养 40h，温度 27℃。经离心和再悬浮获得菌丝，经过滤将原生质体从细胞碎片中分离出来，然后进行离心、冲洗和再悬浮。

最后，是进行目的基因的转化（transformation）。先将绿僵菌的原生质体与带有抗性基因的细菌质粒 pBENA3 混合，在冰上放置 30min。加入 60％聚二乙醇(PEG)15mL，然后在冰上继续放置 10min。加入 PEG 1mL，在室温下培养 10min 以后，将原生质稀释接入再生培养基中。将部分原生质混入溶化的再生培养基，在 27℃条件下培养 18h。然后将它们接在含有苯来特的培养基上进行培养，以观察它们是否获得了抗药性。

当获得了能够表达对苯并咪唑类杀菌剂抗性的绿僵菌转化子后，要进行抗性稳定性的测定和必要的 DNA 杂交，以了解目基因在宿主微生物中的转化状况。当然分析并测定转化后绿僵菌的生长、对害虫致病能力才是最为重要的环节，因为如果绿僵菌的生长和对害虫致病能力下降，即使抗药性再高也没有使用价值。

结果表明，转化后的绿僵菌与未经转化的绿僵菌相比，对苯来特的抗性水平有了很大的差别。转化菌的抗药性比未转化菌的抗药性提高了 10 倍。经过在不含苯来特培养基上 25 代的培养后，将转化菌再进行抗性测定，结果其抗性还稳定存在。另外获得抗药性的绿僵菌仍旧保持着对害虫的寄生和致病性[14]。

这一尝试的成功具有划时代的意义。它不仅预示着对抗性基因的转化利用是切实可行的，而且使化学防治和生物防治这两种相互矛盾的方法第一次可以安全地结合在一起，从而预示着综合防治体系得以真正实施美好前景。

然而，对杀菌剂抗性基因的利用来说，更有实际意义的是设法提高植物病害生物防治菌对杀菌剂的抗药性。这才是几十年来国内外同行都梦寐以求的。但遗憾的是尽管经过了长期的努力，始终没有成功。

二、在病害综合防治中对病原菌抗药性基因利用的尝试

与害虫综合防治中对病原菌抗性基因的转化利用相比，病害综合防治中对病原菌抗性基因的转化利用更为重要，同时可操作性也更强。人们知道在植物病害的综合防治体系中，常常需要同时采用各种防治方法对病害进行治理。然而在化学防治与生物防治相结合时，就会出现杀菌剂杀死生防菌的现象。

另外，由于杀菌剂在植物病害防治中的用量越来越大，抗药性发展的速度也在加快，对植物病害防治效果的威胁也达到了空前的水平。因此，有效治理抗药性的任务也非常紧迫地摆在了我们面前。以苯并咪唑类杀菌剂为例，对它产生抗药性的植物病原菌已经非常广泛。除了丝核菌（*Rhizoctonia solani*）、核盘菌、枝孢菌（*Cladosporium* spp.）、镰刀菌（*Fusarium graminearum*）、梨黑星病菌（*Venturia nashicola*）、甜菜叶斑病菌[105]、小麦赤霉病菌、禾谷镰刀菌、大麦云纹病菌、果蔬灰霉病菌、水稻恶苗病菌、甜菜褐斑病菌[106]也对苯并咪唑类杀菌剂产生了抗性。这使运用现代高新技术，发展治理植物病原菌对杀菌剂抗药性的新方法，已经成为生产实践中保证植物病害有效防治的紧迫要求。

众所周知，不论是治理抗药性还是提高植物病害防治的有效性、安全性和可持续性，都依赖于植物病害综合防治体系的真正建立。而植物病害综合防治体系的真正建立就需要协调各种植物病害的防治方法，特别是生物防治和化学防治之间的关系。

在植物病害生物防治中，木霉和毛壳菌是两种应用前景广阔的植物病害生物防治真菌。毛壳菌（*Chaetomium* spp.）属于子囊菌亚门，核菌纲，球壳目，黑孢壳科，毛壳菌属（*Chaetomium*）[107]，是世界分布的子囊菌。本属菌种的菌丝均交织、透明有隔，子囊壳表生，形状为球形、卵形或瓶形，顶端有一孔口。子囊壁膜质，透明或不透明，容易破裂，表面着生各种形式的附属丝。子囊基部束生，棍棒状或圆柱状，囊壁早期消解，内含 8 个子囊孢子，子囊不规则排列或排列成行。子囊孢子单细胞，球形、卵圆形、柠檬形等，颜色可为黄褐色、暗褐色或橄榄色，排出子囊孔口外的子囊孢子干燥后呈柱状或锥状。毛壳菌对植物病害的生物防治作用在国外已经有几十年的研究历史。研究表明，球毛壳菌（*C. globosum*）对苹果黑星病的防治作用非常突出。它能抑制病原菌假子囊的形成，还能抑制病原菌孢子的产生[108]。此外，球毛壳菌对菜豆和番茄的灰霉病也有防治效果。它能抑制病原菌的侵染和孢子的形成[109]。在东南亚，毛壳菌被用于果树疫霉菌引起的根腐病的防治。防治效果非常明显。其防治机理包括：产生大量麦角甾醇类物质刺激植物生长、刺激植物提高氧化活性，能够诱导植物对病原菌的抗病性[110,111]，产生抗生物质，例如，chaetoglobosin，通过抗生物质能够抑制多种植物病原微生物的生长[112,113]。

木霉菌（*Trichoderma* spp.）属于半知菌亚门，丝孢纲，丝孢目，粘孢菌类，也是一类世界分布的真菌。作为生物防治菌，木霉对植物病原菌的拮抗作用具有广谱

性。木霉至少对 18 个属 29 种病原真菌有拮抗作用。木霉菌对植物病原菌的作用机制也多种多样。主要包括:①产生抗生素,许多木霉菌都能产生挥发性或不挥发性的抗生物质。据统计,木霉菌能够产生的抗真菌代谢物质至少在 32 种以上。多数木霉菌都能产 1 种以上的抗生素。例如,哈茨木霉(*Trichoderma harzianum*)能产生 12 种抗生素,绿色木霉(*T. virid*)能产生 10 种抗生素,康氏木霉(*T. konigii*)能产生 9 种抗生素,这些抗生素包括戊酮、辛酮、类萜、多肽和氨基酸衍生物等不同物质,它们对多种植物病原菌有很强的抑制作用;②重寄生作用,这是木霉防治植物病害的重要机制;③溶菌作用,木霉可以在不接触病原菌的情况下,使病原菌解体,因为木霉可以产生 β-1,3-葡聚糖苷酶、几丁质酶和纤维素酶,由于这些酶的作用,使病原菌的细胞壁被溶解,进而引起病原菌原生质体解体;④竞争作用,各种木霉对土壤中的营养和空间的竞争能力很强,通过这种竞争作用抑制病原菌的生长和种群数量的增加,从而达到防治病害的目的[114,115];⑤诱导植物寄主产生抗病性,例如,在植物寄主杨树上的观察中发现,木霉可以诱导杨树产生抗病毒素[116]。

由于各种木霉防治植物病害的范围较广,可以用来防治水稻纹枯病、棉花立枯病、花生白绢病、甜椒白绢病、茉莉白绢病、番茄幼苗猝倒病、番茄枯萎病和杨树烂皮病等各种植物病害[117~121]。

如前所述,尽管上述两种生物防治菌具有很好的病害防治效果,由于它们对化学杀菌剂都非常敏感,它们在植物病害综合防治体系里均无法发挥作用。而前人试图通过大量筛选、人工诱变等方法获得对化学杀菌剂具有抗性菌株的努力,都一次又一次地失败了。作者针对这种情况,开始尝试用基因工程方法改造上述两种生物防治菌。经过几年的努力,终于在国内外率先取得了成功。

(一) 对木霉菌的基因工程改造

作者首先以对苯并咪唑类杀菌剂的抗性基因为目的基因,对木霉进行了基因工程改造,以获得具有对苯并咪唑类杀菌剂抗性的生物防治菌。

1. 抗性菌株的采集和筛选

为了获得适合于基因操作的抗性菌株,首先在世界范围内开展了抗性菌株采集。采集的范围包括我国部分省区、东南亚各国和美国。经过比较所获得菌株抗药性的水平、培养的难易程度和基因背景等方面情况,一株来自美国的对苯并咪唑类杀菌剂具有很高抗性的酵母菌最终被选中。

2. 抗药性基因的重组

由于对苯并咪唑类杀菌剂抗性基因的了解比较清楚,不论是它的序列、位置还是它的原有功能,都已经有了很多报道。在进行该抗药性基因重组的时候节省了很多时间和经费。然而目的基因载体的选择对后面的基因转化至关重要。但由于当时各方面条件的限制,可供选择的载体偏少,只好选来自大肠杆菌的质粒(pRB129)作为重组目的基因的载体。

3. 抗性基因的转化

1）菌株和质粒

供试生物防治菌株哈茨木霉，由泰国农业大学提供。携带多菌灵抗性基因质粒(pRB129)的大肠杆菌菌株经培养后用于该质粒的提取。

2）培养基和药剂

PDA 和 PD 液体培养基分别用于哈茨木霉的培养和(制备感受态原生质体时的)繁殖。50%多菌灵可湿性粉剂用于哈茨木霉抗药性的测定。

3）木霉菌转化前对多菌灵敏感性的测定

将哈茨木霉菌在含有不同浓度多菌灵培养基上 25℃下培养，测定对其菌丝生长的抑制率(1－处理菌落半径/对照菌落半径)。

4）木霉感受态原生质体的制备

(1) 经 DM(1.2mol/L 山梨醇，10mmol/LTris，pH7)清洗，将在 PD 液体培养基中培养的木霉菌丝经 5000r/min 离心 5min，弃上清液收集沉淀。

(2) 将沉淀悬浮于含 0.8%Novozym234 的 DM 中，室温振荡作用 3h。

(3) 经纱布过滤，除去细胞碎片，再经 5000r/min 离心 5min，沉淀用 DM 液和 TM(1.0mol/L 山梨醇，10mmol/LTris，pH7.5，20mmol/L$CaCl_2$)转化液各洗涤一次，然后将沉淀悬浮于 TM 转化液中。

5）目的基因载体与感受态木霉原生质体共同培养

(1) 在 200μL TM 原生质体(2×10^6)液中加入 100μL 含 50μg 的 pRB129 质粒的 TE(Tris EDTA)，置冰水浴中作用 30min。

(2) 加入 50μL 60%PEG(4000)TM 液，置冰水浴中作用 10min。

(3) 再加入 1mL PEG(4000)TM 液，在室温中作用 10min。

(4) 然后再加入 4mLRM(1.2mol/L 山梨醇，10mmol/L Tris，pH7.5，0.1% K_2HPO_4，0.05%$MgSO_4$，0.3%$NaNO_3$)液进行稀释，按每份 2×10^5 原生质体的数量，混合于 10mL 熔化的 RA 中(45～48℃)，在平皿中 27℃下培养 18h。

(5) 在平皿中加入 10mL 含多菌灵(10μg/mL)的 RA，27℃下继续培养。

4. 转化子的生物测定

(1) 将转化子在含 10μg/mL、30μg/mL、50μg/mL、150μg/mL 多菌灵处理条件下培养。

(2) 将转化子在不含多菌灵的培养基上培养 10 代，然后在 10μg/mL、30μg/mL、50μg/mL、150μg/mL 多菌灵处理条件下培养。

(3) 对转化前木霉和转化后木霉在 PDA 上的生长情况进行比较，记录菌丝生长速度、产生孢子的时间。

结果表明，经 0.1μg/mL、0.2μg/mL、0.4μg/mL、0.6μg/mL、0.8μg/mL 5 个浓度多菌灵的处理，木霉菌的生长情况如表 5-4 所示：该木霉菌在 0.8μg/mL 多菌灵的浓度下不能生长，多菌灵对该菌的有效中浓度约为 0.23μg/mL。

表 5-4 不同浓度(μg/mL)多菌灵对木霉菌的生长抑制率

重复 \ 浓度	0	0.1	0.2	0.4	0.6	0.8
1	0	15.86	52.69	88.67	97.17	100
2	0	15.01	37.68	87.54	99.15	100
3	0	17.14	43.71	88.57	90.57	100
平均数	0	16.00	44.69	88.26	95.63	100
S_{n-1}	0	1.07	7.55	0.63	4.49	0

注:表中每次重复中的抑制率值均为 6 个观察值的平均数

而在转化该木霉菌以后,经多菌灵药剂筛选,获得了一个能在 10μg/mL 多菌灵的浓度下生长的菌落。与转化前相比,该转化子对多菌灵的抗性提高了 30 倍以上。其转化率约为 $1/2\times10^5$。

对木霉菌转化子的生物测定的结果表明(表 5-5),将木霉菌转化子分别接种在含有 15μg/mL、30μg/mL、90μg/mL、150μg/mL 多菌灵的培养基上,25℃下培养,木霉菌转化子在上述浓度多菌灵的处理下均能正常生长。各处理和对照之间并无明显差别。

表 5-5 木霉转化子在不同浓度(μg/mL)多菌灵条件下的生长(mm)

重复 \ 浓度	0	15	30	90	150
1	9.00	8.50	8.00	8.00	8.50
2	8.33	8.54	9.54	9.00	9.33
3	8.00	8.67	9.00	8.57	8.17
平均数	8.44	8.57	8.85	8.52	8.67
S_{n-1}	0.51	0.09	0.50	0.78	0.60

注:表中每次重复中的抑制率值均为 3 个观察值的平均数

将木霉菌转化子接种到不含多菌灵的 PDA 培养基上培养,连续进行 10 次。然后在 10μg/mL、30μg/mL、50μg/mL、150μg/mL 多菌灵处理条件下培养。结果表明(表 5-6),该菌仍然能在含 10μg/mL、30μg/mL、50μg/mL、90μg/mL、150μg/mL 多菌灵的培养基上正常生长。

表 5-6 木霉转化子转接 10 次后在不同浓度(μg/mL)多菌灵条件下的生长(mm)

重复 \ 浓度	0	10	30	50	90	150
1	10	12.0	12	12	10	12.0
2	11	11.0	11	14	11	11.0
3	12	9.0	10	10	12	11.0
平均数	11	10.6	11	12	11	11.3
S_{n-1}	1	0.3	1	2	1	0.3

注:表中每次重复中的抑制率值均为 3 个观察值的平均数

5. 对转化前木霉和转化后木霉在 PDA 上的生长情况进行比较

将转化前木霉和转化后木霉在 PDA 上，25℃条件下培养。记录菌丝生长速度、产生孢子的时间。结果(表 5-7)表明，转化木霉菌丝生长明显慢于未转化木霉。而转化木霉菌孢子出现的时间却早于未转化木霉两天。

通过对多菌灵抗性基因在木霉菌中的转化，使一向对多菌灵非常敏感的木霉能在含 150μg/mL 多菌灵的培养基上正常生长，其抗药性比原来提高了 150 倍以上。这一抗性水平远远超过了田间病害防治中，多菌灵的正常使用浓度。因此，足以用于田间病害的综合防治，即与化学药剂同时防治植物病害。这将为植物病害综合防治理论的真正实现，提供科学依据和可行的途径，是植物病害防治史上的一个可喜的进步。对多菌灵抗性基因在木霉菌中转化的成功，也为生物技术在植物病害防治中的应用开辟了新的道路。

表 5-7 木霉菌转化前后菌丝生长和产孢时间的比较

菌株 \ 生长时间/天	菌丝菌落生长半径/mm						孢子出现(+)		
	1	2	3	6	8	10	3	4	5
哈茨木霉	9.3	17.2	30.2						+
转化哈茨木霉				7.3	9.3	11.6	+		

注：表中菌落半径值均为 3 个观察值的平均数

在不含多菌灵培养基上连续培养 10 代，其抗药性仍稳定不变，说明该抗药性基因转化可能属于整合类型，与 Goettel(1990)等的观察[1]相吻合。这更有利于应用这一菌株于植物病害综合防治实践。

经过比较该菌转化前后的生长情况，发现其菌丝的生长速度比原来降低很多。以菌丝菌落半径达到 9mm 的时间为例，转化木霉比未转化木霉要晚 7 天时间。然而与该抗药性基因在绿僵菌中的转化相比，其菌丝生长的速度还不是最慢的。与其菌丝生长速度降低相反，转化木霉产孢子的时间比原来缩短了两天。这一变化有利于它在植物病害的生物防治中更好地发挥作用。经几年的努力，世界上第一株具有对苯并咪唑类杀菌剂抗药性的木霉菌终于在哈尔滨兽医研究所国家基因工程重点实验室里诞生了。它对利用抗药性治理抗药性，对植物病害化学防治和生物防治的结合，进而实现植物病害的综合防治都具有划时代的意义。

（二）对毛壳菌的基因工程改造

继成功改造木霉菌，获得了高水平且稳定抗药的木霉转化子以后，作者又开始了对毛壳菌的遗传改造。由于在木霉抗药性基因转化过程中，其转化偏低。因而在进行毛壳菌(*Chaetomium* spp.)抗药性基因转化的时候，对抗性基因的载体作了比较研究，以期提高抗性基因的转化率。

1. 毛壳菌的纯化及其对苯并咪唑类杀菌剂敏感性的测定

从毛壳菌制剂中分离纯化毛壳菌，并根据毛壳菌的菌落特征、菌丝形状、子囊壳和孢子形状对其进行鉴定。测定毛壳菌对苯并咪唑类杀菌剂敏感性(抗性),即用多菌灵代表苯并咪唑类杀菌剂检测毛壳菌对苯并咪唑类杀菌剂敏感水平。

结果表明,在不同浓度多菌灵的 PDA 培养基中培养 5 天后,毛壳菌在不含多菌灵的 PDA 培养基中正常生长,菌落生长半径在 24mm 左右;当多菌灵浓度非常低,只有 0.05μg/mL 时,毛壳菌菌落生长半径明显减小,即在 19mm 左右;当多菌灵浓度为 0.40μg/mL 时,毛壳菌菌落生长半径急剧减小,约为 2.0mm;而在多菌灵浓度是 0.60μg/mL 时,培养平板中接种的毛壳菌菌丝已经完全不能生长(表 5-8)。

表 5-8　毛壳菌在不同浓度多菌灵处理下的菌丝生长半径(mm)

毛壳菌	多菌灵浓度/(μg/mL)					
	0	0.05	0.15	0.25	0.40	0.60
C1	23.9a±1.01	19.0b±2.18	14.5c±1.25	10.4d±1.42	2.22e±0.42	0
C2	24.0a±2.50	18.7b±1.18	13.6c±2.36	11.2d±1.14	2.18e±1.14	0
C3	24.1a±1.12	19.2b±2.18	14.2c±1.15	9.86d±2.04	2.04e±1.07	0
C4	23.7a±1.81	19.5b±2.15	12.5c±2.22	9.92d±2.03	1.99e±1.32	0
C5	24.1a±2.86	19.0b±2.12	13.6c±2.44	10.6d±0.95	2.12e±0.22	0
C6	23.8a±3.07	19.1b±1.14	15.2c±2.14	11.4d±1.84	2.34e±1.10	0
C7	23.9a±2.04	19.4b±2.19	13.6c±2.36	11.dd±1.62	2.01e±1.38	0
C8	24.0a±2.15	20.8b±2.14	14.2c±2.14	9.29d±2.11	1.89e±0.74	0
C9	23.7a±3.12	20.1b±2.18	13.7c±2.04	10.8d±1.44	1.96e±0.68	0
C10	23.8a±2.05	18.9b±3.25	14.3c±2.16	10.2d±1.27	2.25e±1.07	0
C11	23.8a±2.11	19.6b±1.31	14.8c±1.64	9.97d±0.56	2.31e±1.07	0
C12	23.9a±1.25	19.4b±0.95	13.7c±2.04	9.65d±2.27	1.96e±0.23	0
C13	24.1a±2.48	19.1b±1.81	15.3c±2.06	11.5d±1.42	2.27e±0.64	0
C14	24.0a±1.82	19.6b±2.10	13.8c±1.84	10.2d±2.12	2.31e±0.47	0

注:小写字母不相同的数据表示差异显著($P<0.05$)

不同浓度多菌灵对毛壳菌的生长抑制率的测验结果表明(表 5-9),多菌灵浓度在 0.25μg/mL 以下时,该菌的生长受到不同程度的抑制;但当多菌灵浓度在 0.40μg/mL 以上时,该菌的生长受到严重的抑制,即抑制率高达 90%;而在多菌灵浓度为 0.6μg/mL 时,毛壳菌的生长完全受到抑制,没有任何菌丝生长。

表 5-9　不同浓度多菌灵对毛壳菌的生长抑制率　(单位:%)

毛壳菌	多菌灵浓度				
	0.05μg/mL	0.10μg/mL	0.25μg/mL	0.40μg/mL	0.60μg/mL
C1	21.0a	39.3a	56.5a	90.7a	100a
C2	22.1a	43.3a	53.3a	90.9a	100a
C3	20.0a	41.1a	59.1a	91.5a	100a
C4	17.6a	47.3a	58.1a	91.5a	100a

续表

毛壳菌	多菌灵浓度				
	0.05μg/mL	0.10μg/mL	0.25μg/mL	0.40μg/mL	0.60μg/mL
C5	20.3a	43.6a	56.0a	90.6a	100a
C6	21.2a	39.1a	52.1a	89.2a	100a
C7	19.7a	43.1a	51.9a	91.6a	100a
C8	20.5a	40.8a	60.3a	90.7a	100a
C9	22.1a	42.2a	54.4a	90.9a	100a
C10	21.0a	39.9a	57.1a	89.5a	100a
C11	17.6a	37.8a	58.1a	90.3a	100a
C12	18.8a	42.7a	58.6a	91.8a	100a
C13	20.7a	38.9a	52.3a	91.0a	100a
C14	18.3a	42.5a	57.5a	90.4a	100a

注：小写字母相同的数据表示不差异显著（$P \geq 0.05$）

根据在不同浓度的多菌灵对毛壳菌生长的抑制率的测定结果，通过换算得出了各毛壳菌菌株的回归方程，以及多菌灵对这些毛壳菌菌株的有效抑制中浓度（EC_{50}）。多菌灵对这 14 株毛壳菌的有效抑制中浓度为 0.204～0.218μg/mL（表 5-10）。

表 5-10　多菌灵对毛壳菌的回归方程和有效抑制中浓度

毛壳菌	回归方程	有效抑制中浓度/(μg/mL)
C1	$y=2.1759x+0.04645$	$EC_{50}=0.208$
C2	$y=2.0798x+0.06192$	$EC_{50}=0.211$
C3	$y=2.1991x+0.04721$	$EC_{50}=0.206$
C4	$y=2.2762x+0.03054$	$EC_{50}=0.206$
C5	$y=2.1431x+0.05919$	$EC_{50}=0.206$
C6	$y=2.1332x+0.03332$	$EC_{50}=0.218$
C7	$y=2.1356x+0.04556$	$EC_{50}=0.213$
C8	$y=2.2907x+0.03371$	$EC_{50}=0.204$
C9	$y=2.1834x+0.02800$	$EC_{50}=0.216$
C10	$y=2.1470x+0.04707$	$EC_{50}=0.210$
C11	$y=2.1907x+0.03195$	$EC_{50}=0.214$
C12	$y=2.2141x+0.04919$	$EC_{50}=0.205$
C13	$y=2.1213x+0.03881$	$EC_{50}=0.217$
C14	$y=2.1694x+0.04967$	$EC_{50}=0.207$

研究结果表明，毛壳菌在不含多菌灵的 PDA 培养基上能正常生长，但当 PDA

培养基中含多菌灵非常低的浓度时(0.05μg/mL),毛壳菌菌落的生长受到明显抑制;在多菌灵浓度为0.60μg/mL时,培养平板中接种的毛壳菌菌丝已完全被抑制。与其他植物病原菌相比,作为子囊菌的植物病害生物防治菌——毛壳菌对多菌灵乃至苯并咪唑类杀菌剂都是非常敏感的。

不同浓度多菌灵对毛壳菌的生长抑制率的结果表明,多菌灵对14株毛壳菌的有效抑制中浓度为0.204～0.218μg/mL,与文献报道的0.198μg/mL接近,进一步证明了毛壳菌对多菌灵的敏感程度。因此,有必要在以后的研究中对毛壳菌进行抗药性基因转化,以利于扩大毛壳菌的应用范围。

2. 毛壳菌对植物病原菌拮抗效果的研究

通过室内平板对峙试验,研究毛壳菌对5种植物病原菌即核盘菌、尖孢镰刀菌(*Fusarium moniliforme*)、黄瓜猝倒病菌(*Pythium aphanidermatum*)、灰葡萄孢霉(*Botrytis cinerea*)、大豆疫霉(*Phytophthora sojae*)的拮抗效果,筛选出对植物病原菌有较强抑制性能的毛壳菌菌株,以备用于苯并咪唑类抗性基因转化。

结果表明,毛壳菌对多数植物病原菌有很强的拮抗能力。当毛壳菌与病原菌交接时,在交接处形成对峙界面,此时毛壳菌菌丝呈平行或波浪式生长,或通过其次生代谢产物在其周围出现抑菌圈。对峙试验结果表明,14株毛壳菌对植物病原菌:核盘菌、尖孢镰刀菌、大豆疫霉均有明显的抑制作用,而对植物病原菌:黄瓜猝倒病菌、灰霉菌虽然有一定的抑制作用,但拮抗效果不理想。试验结果还表明,在试验的14株毛壳菌中,C3、C7、C14的拮抗能力较强,植物病原菌与毛壳菌的相向生长半径受到明显地抑制,与毛壳菌交接处出现菌落变薄、菌丝萎蔫、气生菌丝消解等现象。

3. 毛壳菌原生质体制备与再生条件的研究

以球毛壳菌为研究对象,采用多因素试验正交优选法,研究菌龄、培养方式、培养基成分、酶种类、酶解时间、酶解温度、渗透压稳定剂、pH等因素对毛壳菌原生质体制备和再生的影响,确定毛壳菌原生质体制备和再生的最佳条件。

结果表明,以球毛壳菌为研究对象,采用多因素试验正交优选法,对毛壳菌原生质体的制备和再生条件进行了研究。研究了菌龄、培养方式、培养基成分、酶种类、酶解时间、酶解温度、渗透压稳定剂、pH等因素对毛壳菌原生质体制备和再生的影响。结果表明,将毛壳菌在PD液体培养基中静止培养3天或在PDA固体培养基中培养3天,收集菌体,用pH7.0的DM溶液配制成的含有0.8%溶壁酶(Novozyme234),30℃恒温酶解3h,原生质体制备率最高。获得的原生质体经过纯化,用RA再生培养基进行双层平板培养法再生,原生质体的再生率最高,原生质体平均直径为6.6μm。本研究为毛壳菌的原生质体转化,构建抗苯并咪唑类杀菌剂的毛壳菌工程菌株奠定了基础。

4. 质粒pRB129及其*TUB2*基因的鉴定

根据苯并咪唑类杀菌剂抗性基因的核酸序列,在其阅读框外的上、下游设计一对引物，并在其5′端加上*Pst* Ⅰ酶切位点，以含*TUB2*基因的pRB129质粒为模板，PCR扩增得到目的基因片段，再经*Pst* Ⅰ，*Sal* Ⅰ，*Xho*l Ⅰ酶切鉴定，证明是含有多菌灵抗性基因的pRB129质粒。

结果表明，*TUB2*基因为植物病原菌抗苯并咪唑类杀菌剂基因。以pRB129质粒为模板对该基因进行PCR扩增，得到一条长约1.4kb的DNA片段，经酶切鉴定证明该DNA片段是*TUB2*基因。

5. 载体质粒pTA-TUB2的构建与鉴定

为提高苯并咪唑类杀菌剂抗性基因的转化率，将PCR扩增的*TUB2*基因与载体pTA质粒(去磷酸化)连接，构建出pTA- TUB2质粒。该质粒转化大肠杆菌后用碱裂解法提取，经0.8%琼脂糖电泳初步鉴定后，进一步经*Pst* Ⅰ、*Xho* Ⅰ、*Eco*RⅤ等酶切进行验证。再以该质粒为模板，PCR扩增目的基因，对该目的基因的核苷酸序列进行分析，证明构建的质粒是含*TUB2*基因的pTA-TUB2质粒。

结果表明，根据苯并咪唑类杀菌剂抗性基因的核酸序列，在其阅读框架的上、下游设计一对特异性引物，并在其5′端分别加上*Pst* Ⅰ位点，以pRB129质粒为模板，PCR扩增得到一条长约1.4kb的片段，经酶切鉴定证明是*TUB2*基因。将此PCR产物经消化后与同样酶切的pTA质粒连接，构建出pTA-TUB2质粒并转化大肠杆菌。再以pTA-TUB2质粒为模板，PCR扩增该目的基因，通过对其核苷酸序列分析证明构建的质粒是含*TUB2*基因的pTA-TUB2质粒。

将重组质粒中的*TUB2*基因的核苷酸序列与国外发表的抗苯并咪唑类酵母中β-微管蛋白的核苷酸序列，输入到DNASIS计算机软件中进行同源性分析，二者的核苷酸序列的同源性为99.64%。这表明，重组质粒中的*TUB2*基因确实含有抗苯并咪唑类杀菌剂基因，也证明了重组质粒pTA-TUB2的正确性，为进一步将*TUB2*基因转化毛壳菌奠定理论基础。

在利用抗性基因时，目的基因重组表达质粒的构建在提高转化率方面是非常必要的。作者首次构建了pTA-TUB2质粒，其碱基数仅为约6.4kb，远少于pRB129质粒(约为9.45kb)。必将有利于对毛壳菌等生物防治菌进行转化，进一步研究植物病原菌的抗性基因转化机制，加快研制新型基因工程生物防治菌的进程。

6. 质粒pRB129和pTA-TUB2分别在毛壳菌中的转化

将植物病原菌抗苯并咪唑类杀菌剂基因即*TUB2*基因，转化生物防治菌——毛壳菌。以多菌灵为选择标记，用RA再生培养基筛选毛壳菌转化子，研究质粒pRB129和重组质粒pTA-TUB2在毛壳菌中的转化方法，建立毛壳菌的转化体系。通过苯并咪唑类杀菌剂抗性基因在毛壳菌中的转化，以获得对苯并咪唑类杀菌剂抗性稳定的毛壳菌转化子。

通过对*TUB2*基因在毛壳菌中的转化，使对多菌灵非常敏感的毛壳菌能够在1000μg/mL多菌灵的培养基上正常生长，其抗药性提高了1000倍，这一抗性水平远远超过了田间防治病害的多菌灵的浓度。试验结果证明，毛壳菌转化子对多菌灵产生的抗性是非常稳定的。另外，在试验中还观察到毛壳菌对多菌灵一旦产生抗性，其抗性水平不因多菌灵浓度变化而变化。

本研究首次构建的重组质粒 pTA-TUB2 大小约为 6.40kb，其碱基数远少于 pRB129 质粒(约为 9.45kb)，其转化率是 pRB129 质粒的 9 倍。因此，在利用苯并咪唑类杀菌剂抗性基因时，构建目的基因的重组质粒对提高转化率非常必要。

通过对苯并咪唑类杀菌剂抗性基因在毛壳菌等生物防治菌中的转化，获得了对苯并咪唑类杀菌剂抗性稳定的毛壳菌。

7. 毛壳菌转化子的生物学测定

采用分子生物学方法及对毛壳菌转化子的微观结构观察和生长特性的研究，进一步证明了获得的对苯并咪唑类杀菌剂抗性的基因工程菌是毛壳菌转化子，而且苯并咪唑类杀菌剂的抗性基因已经整合到基因组中，该转化子具有抗性的遗传稳定性。

8. 毛壳菌转化子对植物病原菌的拮抗作用

通过室内拮抗试验，研究毛壳菌转化子对植物病原菌如大豆灰斑病(*Cercosporidium sojinum*)、大豆根腐病菌(*Fusarium moniliforme*)的拮抗效果。

大豆灰斑病是一种世界性的叶部主要病害。对植物病害的防治采用综合防治，即化学防治和生物防治的结合。但由于许多生防治菌对化学杀菌剂非常敏感，影响综合防治效果。为进一步提高生物防治菌的生防效果，解决化学防治与生物防治在综合防治体系中的难题，作者通过 pRB129 质粒和 pTA-TUB2 质粒载体，将苯并咪唑类杀菌剂的抗性基因(*TUB2* 基因)导入毛壳菌中，获得了对多菌灵抗性遗传稳定的毛壳菌转化子。室内平板对峙培养表明，毛壳菌及其转化子对多种病原菌具有较好的拮抗效果，但有关毛壳菌转化子对活体植物病原菌的防治效果还未见报道，所以本试验选用在大豆上发生最普遍且严重的大豆灰斑病作为研究对象，通过离体试验，旨在研究比较毛壳菌野生菌株和毛壳菌转化子对大豆病害的防治效果。

毛壳菌及其转化子对大豆灰斑病的离体防治试验结果表明，毛壳菌野生菌株及其转化子对离体叶片接种的大豆灰斑病具有较好的防治效果，防效措施是以先接种生防菌，24h 后接种灰斑病菌的效果最好。因此，建议在大豆灰斑病可能发生的地区和季节，尽量提前喷施生防菌毛壳菌制剂，以有利于其定殖，更好地发挥其生物防治作用，提高生物防治效果。

对毛壳菌的生物防治作用，国外研究报道较多，毛壳菌对苹果黑星病、菜豆和番茄的灰霉病、洋葱白腐病等多种真菌性病害都具有较好的防治效果，但有关毛壳菌对大豆根腐病的防治效果还未见报道。作者根据黑龙江省大豆主要病害大豆根腐病发生普遍且严重的实际情况，在可控的盆栽条件下，研究毛壳菌野生菌株及其转化子对引起大豆根腐病的主要致病菌尖孢镰刀菌的防治效果，为毛壳菌转化子应用于植物病害的生物防治奠定基础。

结果证明，毛壳菌及其转化子对大豆不产生危害，且有一定的促进生长作用；明显提高植株的株高和单株干重，对大豆根腐病的防治效果达到30%～70%，毛壳菌野生菌株及其转化子对大豆根腐病的防治效果差异不显著，野生菌株及其转化子对大豆根腐病的防治效果与3‰多菌灵粉剂包衣效果相当；野生菌株＋多菌灵处理的生防效果较野生菌株单独处理略有降低，而转化子＋多菌灵处理的生防效果较转化子单独处理略有升高，说明转化子与多菌灵共同使用效果最好[122～126]。

三、对利用植物病原菌抗药性基因前景的展望

在现代生物技术迅速发展的带动下，人们利用植物病原菌抗药性基因的探索将不断深入进行下去。所取得的成功虽然还仅仅是开始，然而这个开始已经为我们在研究思路上、研究生物材料上提供了宝贵的经验和重要的基础，在实验方法上、研究手段上解决了基因工程方面的重大难题。因此我们有足够的理由相信，在植物病害综合防治这一大趋势客观要求的推动下，利用植物病原菌抗药性基因于生物防治因子，从而使植物病害生物防治菌摆脱杀菌剂的限制，使植物病害综合防治真正成为可能这一发展前景是十分广阔的。

已经在木霉菌和毛壳菌中所取得的研究进展，已经为新一代生物农药的问世做好了充分的准备。这些成果在我国植物病害生物防治、综合防治中的应用，必将把我国在这一领域的生物产业带入世界先进行列。在不久的将来，就会有一大批植物病原菌抗药性基因被分离出来用于生物防治因子，会有更多的植物病害生物防治菌获得抗药性基因，从而推动化学防治与生物防治的结合，加快综合防治的发展。

随着基因组研究和后基因组研究的飞速发展，为更高效、更规范、更大规模地利用植物病原菌抗药性基因资源提供了技术支撑。这一技术支撑并将越来越完善，越来越有威力，为今后挖掘更多的抗药性基因，研制更多样生物防治基因工程菌产生巨大的推动力。

当然为了达到上述目标，我们仍有许多工作要做。例如，要使我们在植物病害生物防治菌中应用抗药性基因更加顺利和高效，就需要对植物病害生物防治菌的遗传背景进行更加深入的研究，要开展植物病害生物防治菌基因转化机理的研究。这不仅会推动抗药性基因转化率的提高，防止不良影响在转化过程中发生，而且有可能在植物病害生物防治菌基因操作中产生发现数目可观的基因工程菌，特别是结合这些基因表达规律的研究、代谢组学的研究，将极大地加快植物病害生物防治水平的提高。

第六章　抗药性的研究方法

随着人们对抗药性问题研究的不断深入，所使用的研究手段也越来越丰富、越来越先进。到目前为止，进行抗药性问题研究的方法已经不仅仅局限于简单的生物测定，而且还包括生物化学、分子生物学、特别是基因工程、基因组、后基因组等方面的现代化技术手段。这大大地推动了抗药性研究水平的提高。同时也对从事抗药性研究的人们提出了更高的要求。为了帮助大家了解并掌握现代化的研究方法，以适应研究工作的需要和时代发展的要求，下面就对目前进行抗药性问题研究所采用的主要方法及其理论基础进行简要的介绍。

第一节　杀菌剂毒力的生物测定

对杀菌剂毒力的生物测定就是利用病原菌对某些杀菌剂的反应（如生长抑制率），通过特定的实验设计，以生物统计为工具，评价杀菌剂生物活性的过程。杀菌剂生物活性不仅包括杀菌作用，而且包括抑菌作用。例如，对菌丝生长的抑制，对孢子萌发的抑制等。

为了提高对杀菌剂毒力生物测定的准确性，最大限度地减小误差，应该在室内标准的条件下，培养有代表性、不同类型的标准微生物菌种（株）。这些标准菌应该生长整齐迅速，能大量产生孢子，并且有较高的孢子萌发率。对这些标准菌的培养方法应该操作简便。

进行杀菌剂毒力生物测定的方法很多。经常使用的是离体平板法，即以抑制孢子萌发、菌丝生长，导致菌丝变色、变型等指标作为衡量毒力的标准。然而，在近代杀菌剂的开发过程中，人们发现单靠这些方法是不够的。故由经典的离体（*in vitro*）法趋向于活体（*in vivo*）法，并针对各种病害及不同作用机理，发展成为专一性的方法。前者方法简便，是抗性监测中不可缺少的方法。后者与实际情况结合紧密，结果更加可靠，但涉及因素较多，对寄主植物和试验条件要求较高，如光照、温度、湿度等。为了控制病原菌与寄主相互作用的条件，必须有适合的温室，而且费工耗资很大。因此，近年来又逐步简化了活体方法，采用部分组织或器官作为试材的方法。例如，黄瓜果实法适用于多种寄生性病原菌；叶柄、枝条及叶圆片法适用于内吸性杀菌剂。根据杀菌剂作用机理的研究，也发展出了专一性方法。例如，抑制细胞膜功能测定法、微管形成抑制法、RNA、DNA 生物合成测定法，都可以用来进行病原菌抗性水平的测定。下面就举例介绍几种常用的离体和活体生物测定方法。

一、离体测定法

（一）孢子萌发(germination of spore)测定法

有载片萌发法和平板培养基萌发法两种。即将不同的药液喷布于玻片表面或平板上，定量滴加孢子悬浮液，药液和悬浮液接触后，经一定培育时间，镜检孢子萌发百分率(萌发孢子数/总孢子数)。载玻片萌发法适用于水溶性较好的保护剂，能比较单位面积药液的沉积量及药液浓度，接近实际条件，但对萌发时需氧较多的病原菌孢子不适用。平板萌发法适用于不易分解的保护剂。根据测定对象生长需要的配方来制备培养基。由于孢子在培养基的表面，能得到充足的空气，萌发时不会因缺氧而受影响。

（二）抑菌圈(inhibitory zone)法

此法广泛地应用于真菌、细菌对杀菌剂敏感性的生物测定。其基本原理是将病原菌孢子或菌丝的悬浮液与琼脂培养基混匀，冷凝后在培养基平面上放置消毒的并蘸有不同浓度药液的圆形滤纸片(直径约 6mm)或者放置直径 8mm、高 10mm 的不锈钢环，将配好药液定量加在钢环内，经定温培养一定时间后，由于药剂的扩散作用，使病原菌生长受到抑制，形成抑菌圈。测量抑菌圈的大小，以比较病原菌对杀菌剂敏感性的高低。

（三）生长速率(rate of growth)测定法

在培养基中均匀混入不同浓度的药液，待培养基冷凝后，用打孔器切取病原菌在正常培养基上生长的菌丝，然后将切取的圆形菌块接种在培养基表面，经一定时间的定温培养后，观察和测量菌落生长半径，计算出不同浓度的生长抑制率，进而根据不同浓度与对应的生长抑制率之间的关系，求出 EC_{50} 值。然后根据 EC_{50} 值来判断病原菌对杀菌剂敏感性的高低。上述三种方法的优点是活性效应显现很快，影响因素较少，条件均一且容易控制。但缺点是有时与植物上的活体测定结果不一致，甚至相反。因此为了避免误差，提高准确性，还应视具体的药剂而设置必要的活体测定。

二、活体测定法

活体测定一般是在温室里进行的。也称病原-寄主组合法。需要根据不同病原菌、不同药剂的作用机理、不同植物寄主具体设计。而解决具体植物的培养、病原菌的培养和保存等都是必不可少的前提条件。不同作用方式的杀菌剂，如保护剂、治疗剂、内吸剂的测定方法都各不相同。

（一）保护剂测定法

一般以定量喷雾法处理供试植物，为了使药液喷布均匀，可在低速旋转台上定量、定压进行。喷药后间隔一定时间再接种。接种的方法很多，有多针接种、剪叶法或将菌丝块贴在叶片上等。接种后，要保持发病所需的温度、湿度条件，发病后再按病情分级标准进行统计，以病叶率、病情指数增长率等指标判断病原菌对杀菌剂的抗性水平。

（二）治疗剂测定法

治疗剂测定法是先在植株上接种，保温、保湿一定时间，待病菌菌丝侵入或始见发病，再进行喷药处理。其他结果观察、记录、统计、分析等方法同上。

（三）内吸剂测定法

测定根的内吸输导试验，可以采用水培的稻株（或棉株）在营养液中加入定量的药剂，待 24h 或 48h 后进行接菌，发病后进行调查。若以土培盆栽方法进行测定，则定量将药液灌入土壤中，其他程序与上面的方法相同。

测定持效期的试验，可以在上述方法的基础上，用先喷药后接菌或先接菌后喷药，间隔不同日期进行处理，就能够测出杀菌剂的残效。

三、离体与活体相结合的生物测定技术

下面以水稻白叶枯病菌对不同杀菌剂敏感性的测定方法为例，介绍离体与活体相结合的生物测定技术。

首先是供试稻苗的培养。采用水培法（以水稻营养液）及特制的水稻盆钵培育供试稻株。随着稻株的生长，定期更换培养液。一般五叶期稻株就可以供测定使用。温室要求保湿，特别是在白叶枯发病时，要求湿度更高。接种后要用塑料薄膜制成蚊帐式罩，罩在水池上以保持高湿度。

其次是菌种的分离、培养和保存。作为菌种的白叶枯病菌，采自新鲜病叶，叶片以水浸泡 2h（病叶∶水为 1∶5）用纱布过滤，除去病叶即得病原菌悬浮液。再以目测比色法确定供试菌液浓度，一般为 15 亿～20 亿个/mL。获得纯菌种的过程，也就是培养大量菌脓的过程。可置于 5℃条件下保存，时间一般不超过 3 个月。

完成了稻苗的培养和菌种的分离、培养以后，就可以进行生物测定试验了。生物测定试验的第一步是离体测定。可采用纸片法平板测定，将菌脓稀释成的悬浮液，按 1∶10 混入牛肉膏蛋白胨培养基（温度 45℃）制成平板，每皿加入培养基 10mL 左右。将滤纸用打孔器制成圆形纸片（直径 1cm），浸泡在 200μg/mL 药液中，及时取出甩去纸片上的液滴，平放在制成的培养皿平板上，在 28～30℃温箱中培养 48h，检查其抑菌圈。以此评定该菌对杀菌剂的敏感性。

生物测定试验的第二步是活体测定。可以采用剪叶法或多针法进行接种。接种后 1～2 天做药剂处理，喷药量一般 30～50mL。在相对湿度 80%以上、温度 30℃，充足的光照 2～3 天后，对照发病程度较为明显时，即可检查发病率和病情指数。分级标准和计算方法如下：剪叶法分级标准：0 级，不发病；1 级，小于剩余面积的 1/4；2 级，是剩余面积的 1/4～1/2；3 级，大于剩余面积的 1/2；4 级，全叶发病。

$$发病率(\%)=发病叶数/接种总叶数$$

$$病情指数=\sum 各级病叶数\times相应级数/接种总叶数\times最高级数$$

$$防治效果=对照病情指数-处理病情指数/对照病情指数$$

此为该菌对治疗剂的敏感性。如果测定该菌对保护剂的敏感性，可先喷药，再间隔一定时间接种。如果测定该菌对内吸剂的敏感性，可先使植株根吸收药液1～2 天后再接种。其他步骤，方法与前面类同。

第二节　研究抗药性的生物化学方法

在研究病原菌抗药性问题的过程中，不仅要对杀菌剂毒力进行生物测定，以判断抗药性的有无和抗性水平的高低，而且要通过一系列生物化学方法，去了解杀菌剂的作用机制和病原菌的抗性机理。下面就以研究构巢曲霉对苯并咪唑类杀菌剂的抗性生理机制为例，介绍一下有关的生物化学方法。

一、放射性核素标记构巢曲霉蛋白质的方法

利用放射性同位素标记(labeling with radioisotopes)技术，首先要在含有 2%琼脂、2%葡萄糖和 0.5%酵母菌提取液的培养基上培养构巢曲霉至该菌的分生孢子形成。然后收获分生孢子并在 33℃、放射性核素标记的条件下培养 13h。为了利用 ^{35}S(New England Nuclear)标记该菌的蛋白质，以 1.5g 葡萄糖、0.15g $NaNO_3$、0.05g K_2HPO_4、0.025g $MgCl_2\cdot6H_2O$、0.025g KCl、0.5mg $FeSO_4\cdot7H_2O$、2.5μg 生物素和 500μg $CiNa_2{}^{35}SO_4$ 制培养基，将 1×10^6 分生孢子/mL 接种到 50mL 此培养基上培养；如果用 ^{14}C 氨基酸标记该菌的蛋白质，以 0.1g 葡萄糖、0.15g $NaNO_3$、0.01g NH_4Cl、0.05g K_2HPO_4、0.025g $MgSO_4$、0.025g KCl、0.5mg $FeSO_4\cdot7H_2O$、2.5μg 生物素和 50μg Ci L-氨基酸-^{14}C(New England Nuclear)制培养基。将分生孢子接种到 50mL 此培养基上培养；如果用 $H_3{}^{32}PO_4$(New England Nuclear)标记该菌的蛋白质，以 1.5g 葡萄糖、0.15g $NaNO_3$、0.5mg K_2HPO_4、0.025g $MgSO_4$、0.025g KCl、0.5mg $FeSO_4\cdot7H_2O$、2.5μg 生物素和 300μg Ci $H_3{}^{32}PO_4$(New England Nuclear)制培养基。将分生孢子接种到 50mL 此培养基上培养。

二、构巢曲霉微管蛋白与猪脑微管蛋白的共聚合方法

将在－80℃条件下储藏的猪微管蛋白在冰上解冻 30min 并在聚合缓冲液

[100mmol/L piperazine-*N*, *N-bis*-2-ethane sulfonic acid (PIPES) (pH6.95), 1mmol/L ethylene glycol-*bis*(β-aminoethyl ether) *N*, *N*′-tetraacetic acid(EGTA), 1mmol/L phenylmethyl- sulfonyl fluoride (PMSF) 和 1mmol/L guanosine-5′-triphosphate(GTP)]中搅匀。微管的分解经冰浴进行，约 30min。净化后的微管蛋白马上在 4℃条件下高速离心(35 000r/min)30min。最后获得的蛋白质浓度为 9～12mg/mL。将放射性核素标记的该菌菌丝与聚合缓冲液混合并在匀浆机中打碎。将细胞粗提物在 4℃条件下，高速(35 000r/min)离心 30min，然后将上清液取出。上清液中所含有的该菌经标记的蛋白质与猪的微管蛋白质以 1mg 对 2～4mg 的比例混匀。在 37℃条件下培养 30min 后，在 30℃条件下高速(35 000r/min)离心 30min，以获得聚合(co-polymerization)的微管。微管在 4℃条件下，在 100～400μL 聚合缓冲液中溶解，再进行一次聚合。此时所获得的微管在 100μL 中含有 10mol/L 尿素的聚合缓冲液 A 中溶解并供不同处理之用。

三、蛋白质双向电泳样品的准备

进行蛋白质双向电泳(two-dimensional electrophoresis)，要将经过标记的该菌菌丝过滤并用 1L 冷水漂洗，然后用纸巾吸干并称重。将菌丝放入 5 倍于其重量的缓冲液 A[1mmol/L Tris-Cl (pH7.4), 0.2% sodium dodecylsulfate (SDS) 和 2mmol/L PMSF]中，然后将细胞用匀浆机打碎、搅匀，煮沸 2min，然后冷却至 0℃。将最后提取液(用 Beckman Microfuge)离心 1min。将高纯度尿素(Schwartz/Mann)加入上述提取液中溶解并将浓度调至 10mol/L。将 10μL 缓冲液 B [0.3mol/L 赖氨酸(pH3.8)、25mmol/L $ZnCl_2$、10mol/L 尿素和 2% SDS]加入 100μL 悬液。在某些实验中，上述提取液中的核酸还将在 S1 核酸酶中，45℃条件下消化 10min。为了停止这一消化过程并分离其中的 SDS，需要加入 20μL 缓冲液 C[0.5mol/L Tris-Cl(pH7.4)]和 16% Nonidet P-40。最后将试液中 2-mercapto-ethanol 的含量调至 5%，Ampholyte(pH5～7)(LKB)的含量调至 2%。

四、电泳技术

根据 O′Farrell 方法，准备等电聚胶凝胶，但所(通过与两性电解质混合)形成的 pH 梯度如下：

一部分 pH3～10

一部分 pH6～8

两部分 pH5～7

一部分 pH4～6

将大约 40μg 蛋白质装入 0.2cm×12cm 的凝胶柱以进行等电聚焦。样品在 400V 电压下电泳 18h，然后在 800V 电压下电泳 3h。

SDS 凝胶中含有 0.375mol/L Tris-Cl(pH8.8)、0.1%SDS、8%丙烯酰胺(Bio-

Rad Laboratories)、0.09%N,N'-亚甲双丙烯酰胺(Bio-Rad)、0.06%N,N,N',N'-四甲基乙二胺(TEMED)和0.02%过硫酸铵。pH的梯度丙烯酰胺等的浓度是根据分离α、β-微管蛋白的需要而确定的。按照O'Farrell的方法制备stacking gel。平板凝胶在20mA电流强度下进行电泳，直到显示染料析出。然后在25mA电流强度下进行电泳。用循环自来水冷却平板凝胶。在电泳结束后，将平板凝胶放入染液中染色1h。染液由0.1%coomassie蓝、50%乙醇和10%乙酸制成。

洗脱在5%的甲醇和乙酸中进行。洗脱后的凝胶经干燥后，记录结果[127]。

五、多肽图的测绘

根据Cleveland方法进行多肽图的测绘(peptide mapping)[128]，但在平板凝胶中N,N'-亚甲双丙烯酰胺的浓度降至0.15%以改进对肽链的分离效果并提高干燥的一致性。猪细胞微管蛋白质经双向凝胶电泳和染色后，测定出α-、β-微管蛋白的位置。以与上述方法相类似方法测定出构巢曲霉α-、β-微管蛋白的位置[8]。

以上方法主要是利用凝胶电泳技术于病原菌抗药性生理机制的研究。由于氨基酸、多肽、蛋白质和核酸等分子都具有可电离的基团，因此在溶液中能够形成带电荷的阳离子或阴离子。此外具有相同电荷的分子，由于它们在分子质量上的区别而有不同的荷质比。所有这些差异足以使上述分子在溶液中形成的离子，在电场的作用下，有不同的迁移速率。因此，电泳技术可以用来研究氨基酸、多肽、蛋白质和核酸等分子的性质。在病原菌抗药性生理机制的研究中，对于电泳技术，特别是蛋白质的双向凝胶电泳技术的应用很多，前面介绍的仅仅是其中的一例。电泳技术不仅在病原菌抗药性生理机制的研究中很重要，而且在病原菌抗药性遗传机制的研究中也不可缺少。

除此以外，还有一些其他技术如电子显微镜技术、放射性核素标记技术、细胞组分的分离与提纯技术、生物大分子的分离与提纯技术等也经常应用于病原菌抗药性生理机制的研究之中。

第三节　抗药性研究中的分子生物学方法

在明确病原菌抗药性生理机制以后，人们对病原菌抗药性产生原因的认识还远没有完结。还需要进一步了解这些生理机制的本质所在，即病原菌抗药性的遗传机制。因此还要掌握病原菌抗药性遗传机制的研究方法。此外，在抗性基因利用的研究中，也需要应用许多新技术、新手段。所有这些都集中地体现在对新兴的分子生物学手段的应用，特别是对基因工程手段的应用上。在这一节里就集中介绍与病原菌抗药性研究有关的分子生物学方法，特别要介绍一下相关的基因工程方法。

一、基因工程技术的概况

基因工程是在生物体外，对 DNA 进行重新组合，然后引进宿主细胞进行增殖和表达的生物技术。其目的是获得决定某种多肽或蛋白质的碱基序列，也就是多肽或蛋白质的基因，并在宿主中表达。因此，基因工程的第一步是获得目的基因。要获得的基因包括编码所要的那种多肽或蛋白质的碱基序列、启动子等其他必要的碱基序列，是否包括内含子要根据基因要转移到原核生物还是真核生物中而定。获得基因以后，如果要将基因转移到原核生物中，使之在原核生物中表达，需要构建可以进入原核生物的重组 DNA，重组 DNA 是由基因和一种可以独立地进入原核生物的有几千或 1 万～2 万个碱基的 DNA，一般为质粒或噬菌体。噬菌体是寄生于细菌的病毒。将基因通过特定酶的作用，插入经过改造的质粒或噬菌体，这时质粒或噬菌体成为目的基因的载体。然后，在适合的条件下使重组 DNA(载体和基因)进入原核生物(如细菌)。如果重组 DNA 具备基因在细菌中转录的结构，该目的基因就能在细菌中表达，细菌可以合成该目的基因所编码的多肽或蛋白质，不管这种多肽或蛋白质是哪一种生物所有，甚至包括人类的基因。如果是人类的基因，那么经过上述过程可以使细菌合成人体内的多肽或蛋白质。这方面成功的例子有：由细菌合成人胰岛素的 A 和 B 链；由细菌合成人生长激素等。上述过程称为基因克隆，意思是把一个 DNA 片段插入载体，然后复制形成大量拷贝，也就是重组 DNA 在细菌体内大量复制的过程。如果要把目的基因转移到真核生物(如动物或植物)体内，同样要有重组 DNA，但载体不同。基因的结构在启动子部分也不同，有时需要内含子。得到转移的动物称为转基因动物，而植物称为转基因植物。转移的过程也需要特定的方法。基因的表达在植物中相对简单，而在动物中则较为复杂。遗传也是这样。虽然做了许多工作，但是到目前为止，还缺乏能良好遗传的转基因动物(哺乳动物)。

二、基因工程的主要过程

(一) 目的基因的获得

获得目的基因是得到含有编码某一个多肽或蛋白质遗传信息的 DNA，它已脱离了其他的 DNA。获得一个基因的方法随着分子遗传学的进展，已不只是从基因组 DNA 中把这段 DNA 分离出来，而且有了其他的方法。到目前为止，获得目的基因的方法有三种：①人工合成 DNA，组成目的基因；②由 mRNA 逆转录得到一种多肽或蛋白质的 cDNA 基因；③从基因组 DNA 中分离出目的基因，方法是构建一种生物基因组 DNA 的基因文库(基因图书馆)，从基因文库中筛选出所需要的目的基因。这三种方法主要适用于哺乳动物等生物，而对原核生物和病毒来说，筛选基因的方法可以直接从基因组中用聚合酶链反应法扩增得到。这几种获得目的基因的方法虽然都可以编码一种多肽或蛋白质的遗传信息，但实际上它们所包含的碱基序列可以有所不同。因此它们有不同的用途。它们不是相互排斥，而是相互补充的。

1. 目的基因的人工合成

目的基因的人工合成(gene synthesis)是根据编码多肽或蛋白质的碱基序列，也就是多肽或蛋白质的各个氨基酸的密码子，用化学方法合成许多段寡核苷酸，然后把寡核苷酸连接成完整的基因。关于 DNA 的化学合成，是在弄清 DNA 分子结构的基础上发展起来的。在试管中，DNA 也可以依照在体内一样，应用一个单链的 DNA 模板，一个 DNA 或 RNA 引物，加上 4 种脱氧核苷三磷酸，在 DNA 聚合酶的作用下，合成与 DNA 的模板有互补顺序的 DNA。也可以说，从单链到双链。但这种合成方法受到许多条件的限制，在应用上有很大的局限性。

因此，国内外科学家开始寻求 DNA 的化学合成，即完全使用化学的方法合成一定碱基序列的 DNA，或者严格地说是合成寡脱氧核苷酸。因为，所合成的 DNA 不过含有最多几十个脱氧核苷酸单体而已。

寡脱氧核苷酸的人工合成在 20 世纪 50 年代后期开始取得进展。当时，人工合成中所遇到的困难是合成必须有一定的碱基顺序。例如，如果要合成 ApT 的顺序，需要把腺嘌呤脱氧核苷酸和胸腺嘧啶脱氧核苷酸(其实是更适合于聚合反应其他单体，见下面的论述)放在溶液中使之发生聚合反应。但是如果不加防止，就有可能产生 TpA 的顺序，或者很快再发生聚合而形成 ApTpT 等三个脱氧核苷酸的链。因此要使合成成功，必须采取措施解决这些困难。应采取的措施是先把不要起化学反应的化学基团保护起来，及时地把合成的 ApT 链分离出来，这大大地限制了合成效率。经过努力，人工合成的发展非常迅速，在短短十余年的时间内，到 80 年代已出现合成寡脱氧核苷酸的 DNA 合成仪。现在 DNA 合成都在由计算机控制的 DNA 合成仪上完成。其方法是在 DNA 合成仪上放置进行 DNA 合成所需要的脱氧核苷酸单体和 6 种合成所需要的试剂，再将需要合成的寡脱氧核苷酸的碱基顺序输入 DNA 合成仪，装上 DNA 合成柱，即可进行 DNA 合成。在合成柱中，碱基将按照输入的顺序，一个一个连接上去，直至完成整个寡脱氧核苷酸的合成。现在合成的寡脱氧核苷酸的长度可达 100 个碱基以上，每一碱基的连接时间大约在 10min 以内(包括所有的清洗步骤)。目前在 DNA 合成仪上所应用的方法是固体支柱亚磷酸酰胺合成法，其特点是：①用于偶联的核苷酸即聚合用的单体是亚磷酸酰胺核苷酸。亚磷酸酰胺经过四唑活化后，其 3′亚磷酸即可同 DNA 链上 5′的 OH 化合形成磷酸二酯链，反应可以在 1min 内完成。这种连接方法不同于生物合成的极性，是从 3′到 5′端。然后再将亚磷酸氧化成正磷酸；②DNA 合成在合成柱中进行。合成柱中有微孔玻璃珠或聚苯乙烯珠，作为固体支柱，将第一个脱氧核苷酸的 3′端通过联结分子固定在固体支柱上，这样只有 5′端可供偶联，保证 DNA 的顺序性。由于 DNA 固定在微孔玻璃珠上，一次偶联完成后，不是将合成中的 DNA 链分离出来，而是用溶剂（乙腈）将多余的试剂冲洗出反应柱，简化了合成过程。

DNA 的人工合成由于自动化的过程，得到了日益广泛的应用，也由于寡脱氧核苷酸的应用在分子遗传学研究中不断增多。目前可能应用最广泛的是聚合酶链反应（PCR）DNA 引物的合成。聚合酶链反应是扩增 DNA 一定片段的一种方法。根据上面提到的聚合酶没有从头合成 DNA 的能力，首先必须有一个 3′OH 端，因此 PCR 法必须有 DNA 引物，而引物只能由合成得到。其次是合成 DNA 探针。再次是合成 DNA 类似物反义链。用反义的 DNA 短链同正链 DNA 或 RNA 杂交，可以抑制某个有害基因的表达或某种病毒的复制。由于 DNA 的短链易于被核酸酶的分解，不能起长时间的抑制作用。因而，合成可以和 DNA 杂交的 DNA 类似物，如硫代正磷酸 DNA 类似物（用硫原子代替磷酸上的一个氧原子），来延长其抑制效应。反义链的合成与应用是 DNA 治疗中的一个新方向。最后，是合成基因。

这里需要指出的是：由于化学合成（在 DNA 合成仪上）的效率，不可能在一次合成过程中把一个编码多肽或蛋白质的 DNA 链一次合成，因为这样的链有一百到几百个碱基，而化学合成的效率在未自动化以前仅能合成 10 多个碱基的寡核苷酸。在应用自动化仪器以后，也不宜超过 100 个左右的碱基。因此要把一个基因的碱基顺序分为若干个寡核苷酸合成。

人工合成基因的第一步要设计合成基因的碱基顺序。基因碱基顺序的设计依据可以不是基因的碱基顺序本身，而仅是其蛋白质氨基酸的顺序。人工合成基因目前主要用于原核生物中的基因克隆，因此基因必须根据原核生物的基因特点设计。这个特点就是原核生物的基因里没有内含子，也不具有 RNA 加工的能力。如果真核生物的基因携带着内含子进入原核生物，那么 mRNA 也将带有内含子，这就不可能翻译成所需要的蛋白质。其次，原核生物也不具有翻译后加工的能力，因而如果一个有功能的蛋白质需要加工才能得到，那么在原核生物中就不可能得到。如果翻译成一个胰岛素原，那么在原核生物中不可能加工得到胰岛素。所以，设计在原核生物中表达的基因只能是同蛋白质中氨基酸顺序相对应的碱基顺序，只需要密码子的碱基顺序，其数目是氨基酸数目的 3 倍。胰岛素 A 链是 21 个氨基酸，设计的基因碱基顺序是 63 个碱基。除此以外，还有一个密码子的特点需要考虑。一个氨基酸的密码子可以有多个，但在某一种生物中常常有相同的一种是最常用的，称为密码子使用的偏好性。例如，甘氨酸有 4 个密码子。在人的胰岛素基因中，其密码子是 GGT，而在大肠杆菌中则以 GGC 密码子为主。因此在设计基因时，不能用 GGT，而要用 GGC，以使有相应的 tRNA 运送甘氨酸，提高合成效率。根据这几个原则，下面列出在合成胰岛素 A 链和 B 链时所设计的基因碱基顺序：

A 链合成基因的碱基顺序

氨基酸顺序　甘氨酸-异亮氨酸-缬氨酸-谷氨酸
设计碱基序列　GGC ATC GTT GAA
人胰岛素基因中碱基序列　GGT ATT GTG GAA

-谷氨酸-半胱氨酸-半胱氨酸-苏氨酸-丝氨酸-异亮氨酸
CAG TGT TGC ACT TCT ATC
CAA TGC TGT ACC TCC ATC

-半胱氨酸-丝氨酸-亮氨酸-酪氨酸-谷氨酸-亮氨酸
TGC TCT CTT TAC CAG TCC
TGC TCC CTC TAC CAG TTG

-谷氨酸-天冬氨酸-酪氨酸-半胱氨酸-天冬氨酸
CAG AAC TAC TGT AAC
CAG AAC TAC TGT AAC

B 链合成基因的碱基顺序

苯丙氨酸-缬氨酸-天冬氨酸-谷氨酰胺-组氨酸-亮氨酸
TTC GTC AAT CAG CTC CTT
TTT GTC AAC CAA CTC CTG

-半胱氨酸-甘氨酸-丝氨酸-组氨酸-亮氨酸-缬氨酸-谷氨酸
TGC GGC TCA CAC CTC GTT GAA
TGC GGC TCA CAC CTC GTT GAA

-丙氨酸-亮氨酸-酪氨酸-亮氨酸-缬氨酸-半胱氨酸-甘氨酸
GCT TTG TAC CTT CTT TGC GGT
GCT TTG TAC CTA GTG TGC GGG

-谷氨酸-精氨酸-甘氨酸-苯丙氨酸-苯丙氨酸-酪氨酸
GAA CGT GGT TTC TTC TAC
GAG CGA GGC TTC TTC TAC

-苏氨酸-脯氨酸-赖氨酸-丙氨酸
ACT CCT AAG ACT
ACA CCC AAG ACA

从它们的碱基顺序可以这样说，这 A 和 B 链基因是人工的新基因。为了使合成的基因能构成重组 DNA 并在细菌中表达(转录和翻译)，还需设计一些其他的碱基顺序，如起始密码子、终止密码子、内切酶的碱基顺序等。在合成的基因设计完成后，根据最适的寡核苷酸合成长度，将整个基因分为一定数量的应合成的寡核苷酸。在最初合成人胰岛素 A 和 B 链基因时，每一寡核苷酸长度为 10 余个碱基，这是手工合成的可能达到的长度。在我们合成这两个基因时，由于是在 DNA 合成仪上合成的，因而寡核苷酸的长度都在 60 个碱基左右。

有了设计好的碱基序列，获得基因的第二步就是人工合成 DNA 和基因。先在 DNA 合成仪上合成寡核苷酸。然后把所有的寡核苷酸连接成基因。这是一个酶催化过程，使用的是 DNA 连接酶。

人工合成基因在已知蛋白质或氨基酸的条件下是直接而简便的过程，化学合成和酶的连接是比较容易完成的过程，得到的结果不会有其他的产物，主要是所要的基因。人工合成基因所遇到的问题是费用较高，但只是在基因较大、碱基序列较长时成为问题。如果这个问题得到解决，应当说人工合成基因是可以广泛应用的。目前人工合成基因正在不断地发展。

2. cDNA 基因的获得

cDNA 基因(cDNA gene)是由 mRNA 向 DNA 反方向合成的寡脱氧核苷酸序列，其原理是以 RNA 为模板，利用它特有的依赖 RNA 的 DNA 聚合酶，合成 DNA，为区别于基因组中的基因称之为 cDNA。例如，以真核生物中的 mRNA 为模板，利用它特有的依赖 RNA 的 DNA 聚合酶，即可合成 cDNA。由于 mRNA 只含有一个基因的编码蛋白质的遗传信息，因而合成的 cDNA 可以称为 cDNA 基因，同基因组内基因的区别在于 cDNA 基因已没有内含子。获得某一种特定的 cDNA 基因的过程要比人工合成有更多的操作步骤，因为它需要从分离 mRNA 开始，而后经过逆转录，得到 cDNA 基因文库(gene library)，再从文库中筛选出所要的基因。

mRNA 由于基因在不同组织的细胞中有不同的表达，对于一些基本基因，即在各种组织细胞中都能表达的基因，可以选用任何易于取得的材料。但如果所需要的基因只在特定的组织细胞中表达，即转录，那么就必须用这种特定的组织细胞来分离 mRNA。例如，生长激素的 cDNA 在国内和国外都有成功的例子。提取和分离生长激素的 mRNA 是从动物脑下垂体的细胞中分离出来的，而且必须从活的动物上摘取脑下垂体。这是因为生长激素只能在脑下垂体中合成，生长激素基因只能在脑下垂体细胞中进行转录，只有在活体脑下垂体的细胞中才能有生长激素的 mRNA。因此，要获得所需基因转录的 mRNA 生物活组织，并且有良好的储藏条件以防止 mRNA 的降解。

当取得这样的组织以后，首先是分离 RNA，得到细胞总的 RNA，其中 90%以上的是 rRNA，而 mRNA 仅占 1%～2%。但 mRNA 的相当部分具有多聚腺苷酸的尾部，用寡胸腺脱氧核苷酸(dT)mRNA(A 和 T 配对形成氢键)，可以将 mRNA 从总的 RNA 中分离出来。但这是一个细胞中总的 mRNA，可以含有几千种到几万种以上的 mRNA，其数目取决于在某种细胞中表达的基因数量。

合成 cDNA 和 cDNA 基因文库的建立是接下来要做的工作。一般来说，首先不是去分离出所需要的那种 mRNA，因为那是非常困难的，而是利用总的 mRNA 合成 cDNA。合成 cDNA 的第一链是用 mRNA 和逆转录酶进行的。逆转录得到第一链 DNA 后，再以 DNA 聚合酶进行第二链的合成，以获得 DNA 的双链。

得到双链以后，要将 cDNA 克隆到大肠杆菌中，由于 cDNA 基因克隆时包括所有 mRNA 种类的基因，因此称为 cDNA 基因文库。这个名称有这样的涵义：在 cDNA 基因克隆时，每一个载体只能插一个 cDNA 基因，而每一个寄主细菌也只能接受一个 cDNA 基因的重组 DNA。因此，有多少个 cDNA 基因就有多少个不同克隆的细菌。如果按前面的估计，一种生物细胞中通常有 10 000 个以上的不同

mRNA,那么就可以有 10 000 个以上不同克隆的细菌,这好像是一个有 10 000 多本书的图书馆(文库)。繁重的工作是从 10 000 个以上不同的 cDNA 基因克隆中把所需要的基因选择出来。在 20 世纪 80 年代,cDNA 是从筛选细胞克隆中得到的,但自从 PCR 问世以后,应用 PCR 扩增特定的基因,可以避免繁重的筛选克隆工作。PCR 筛选 cDNA 的方法如下:第一步,以 mRNA 逆转录的方法得到 cDNA 的第一链。得到 cDNA 的第一链以后,可以不进行 cDNA 第二链的合成,而是直接用 cDNA 的第一链进行扩增。按理论分析,一个基因的 cDNA 在总的 cDNA 中,只会有一个或少数几个 cDNA,如果基因的 mRNA 是稀有蛋白的话,而 PCR 法只要有一个 cDNA 基因分子,就可以扩增成为几十万个分子,然后用电泳的方法把它分离出来。因而只要设计与这个基因两个末端序列相同的 DNA 引物(约 20 个碱基的寡核苷酸),用这一对引物和 *Taq*DNA 聚合酶通过 PCR 法进行扩增,然后就能通过电泳从 PCR 产物中分离出所需要的基因。这个过程要比从 cDNA 文库中筛选简便得多。

cDNA 基因碱基序列的特点是:一方面不同于真核生物的基因,因为 mRNA 转录不可能有内含子;另一方面在一些要经过加工的多肽上,又不同于人工合成基因,因为它的碱基序列只对应于翻译后的多肽氨基酸序列。根据这一点,cDNA 基因可以进行基因克隆,在转录到细菌里以后,可以合成不经翻译后加工的多肽。如生长激素的基因工程,首先是用 cDNA 基因进行的。干扰素基因由于没有内含子也可用 cDNA 基因。cDNA 基因筛选出来以后,即得到了目的基因,因此可以用作探针(probe),同基因组内基因相杂交。还可以通过碱基序列测定,得到一个基因的碱基序列(外显子的碱基序列)。这是了解一个基因和它的多肽氨基酸序列的重要方法,由于 DNA 测定碱基序列的方法迅速发展,达到了使用计算机和激光高科技仪器的阶段,因而比多肽氨基酸序列的测定方便得多。特别是 cDNA 基因碱基序列又同 PCR 法相结合,更方便了这一研究工作,也就是从 PCR 扩增产物直接进行基因碱基序列的测定。

3. 从基因组文库中获得目的基因

获得目的基因的第三种方法是从为数几万个基因的基因组中筛选出一个基因。对哺乳动物来说,就是从 10^9 以上的基因序列中,分离出一个几千到几万个(大基因)碱基的片段。分离的方法是先建立基因组文库,从基因组文库中筛选出含有所需基因片段。然而,要真正得到只是一个基因的碱基序列,只有在应用 PCR 法以后才能顺利完成。

基因组文库实质上是基因组 DNA 片段的文库,因为用于建立文库所使用的不是一个个基因的片段,而是一定长度的内切酶片段,往往超出一个基因的碱基序列。具体建立基因组文库的过程是用一种以上内切酶把基因组 DNA 切成几十万个 DNA 片段,用这些片段同合适的载体构成重组 DNA,然后重组 DNA 转导入大肠杆菌,构成基因组文库,在基因组文库中筛选出含有所需基因 DNA 片段的细菌克隆。从含有所需基因DNA片段中分离目的基因的最佳方法是PCR法。

应用PCR法分离目的基因实际上已改变了建立基因组文库的过程。当应用内切酶将基因组DNA酶切为内切酶片段以后,就可以应用PCR法来扩增所需要的基因,方法是通过电泳。

基因组文库建立的第一步是内切酶对基因组DNA的酶切。这个步骤是要得到全基因组DNA的相对一致长度的DNA片段。在引入噬菌体为克隆载体时,片段以20kb左右为宜。为此,需要选择合适的内切酶和恰当的酶切处理。至于建立重组DNA和筛选方法,将在基因克隆部分一起论述。

在上述方法中,应用基因克隆技术和PCR技术,直接从基因组中分离目的基因是一般公认的最有效的目的基因获得的方法。

(二) 重组DNA

在得到目的基因和用内切酶处理基因组DNA得到合适的DNA内部酶切片段以后,需要组成一个可以进入寄主细胞的复合体,称为重组DNA。重组DNA是将基因或内切酶片段插入DNA载体而组成。因此,除了前面提到的所分离的基因或DNA内切酶片段,还需要有载体和将基因插入载体所使用的DNA酶。下面将对内切酶、载体和建立重组DNA的过程加以介绍。

1. DNA限制性内切核酸酶

DNA限制性内切核酸酶(restriction enzyme)是细菌所特有的酶,它的功能是把外来的DNA,如噬菌体的DNA,在其内部碱基序列上切断,从而使噬菌体失去生存的可能,从而把噬菌体的寄生限制在一定的寄主范围以内,因此称之为限制性的,由于这种酶是在DNA内部切断DNA,因而称之为内切酶,以区别于在DNA的5′或3′端把脱氧核苷酸一个个切去的DNA外切酶。这种酶之所以是内切酶的原因在于这种酶只能在DNA的一定碱基顺序处把DNA两链切断。而DNA限制性内切核酸酶正是根据它切断DNA的碱基顺序来分类的,并以其来源的细菌来命名。DNA限制性内切核酸酶可分为两类:一类是把DNA双链在同一位置切断,所得到的切口称为钝性末端;另一类是两链都在同一碱基顺序处切断,因而双链不在同一位置上断裂,这种末端称为黏性末端。下面举例说明DNA限制性内切核酸酶的种类和功能。

例如,*Hae*Ⅲ内切酶所作用的碱基序列和切断DNA的位置是:

GG↓CC　　　↓表示切断DNA的位置

CC↑GG

因此*Hae*Ⅲ内切酶所辨认的位置是4bp的,双链被切断后为钝性末端。

*Sma*Ⅱ内切酶所作用的碱基序列和切断DNA的位置是:

CCC↓GGG

GGG↑CCC

因此 *Sma* Ⅱ 内切酶所辨认的位置是 6bp 的，双链被切断后也为钝性末端。

Hpa Ⅱ 内切酶所作用的碱基序列和切断 DNA 的位置是：

C↓CGG

GGC↑C

因此 *Hpa* Ⅱ 内切酶所辨认的位置是 4bp 的，双链被切断后为黏性末端。

从这种末端可以看到，它们之间有 GC 和 CG 两个碱基可以互补配对，因而很容易连接在一起。在互补配对后，经过连接酶的连接，即可恢复双链。而前面那种钝性末端只有在两个末端偶然碰撞在一起时，由连接酶把它们连接，因而连接概率要小得多。

*Eco*R Ⅰ 这一常常应用的内切酶所作用的碱基序列和切断 DNA 的位置是：

G↓AATTC

CTTAA↑G

因此 *Eco*R Ⅰ 内切酶所辨认的位置是 6bp 的，双链被切断的位置碱基序列相同，都在 GA 之间，因而在双链的不同位置上，相差 4 个碱基，形成更为容易连接的黏性末端。这两个末端的 TTAA 和 AATT 4 个碱基可以互补配对，然后由连接酶连接以恢复双链。这种重新配对和恢复连接形成双链可以在原来断裂的双链之间，也可以在不同的 DNA 链而有互补黏性末端之间，因此可以把任何两个有互补黏性末端的 DNA 链连接在一起。这是构建重组 DNA 的分子技术基础。

除了上述例子以外，还有另外一些种类的内切酶，同上面的例子有不同的特点，如内切酶所作用的长度还可以有变化，其切断 DNA 的位置和对碱基核酸特点的要求也可以变化。现在从各种细菌中已经分离出上百种限制性内切核酸酶，因而可以满足 DNA 操作、重组 DNA 的要求。

在基因工程中选择使用哪一种内切酶可以受到多种因素的影响。例如，内切酶所作用的顺序在 DNA 中出现的频率是一个重要的因素。当需要构建基因组文库时，需要出现在基因组 DNA 中频率高的碱基序列，往往选用能辨认 4bp 的序列。与此相反，一些重组 DNA 中基因和载体连接的内切酶切点往往选用在 DNA 中出现频率低的位置。在人工设置内切酶切点时，也选用稀有的碱基序列，如 *Not* Ⅰ 内切酶的切点碱基序列。还有钝性末端和黏性末端内切酶之间的选择，虽然以黏性末端的使用更为普遍。

2. 载体

载体（vector）是一种具有独立复制和进入细胞（包括寄主）功能的 DNA，一般为几千到一万个碱基以上。DNA 载体现在基本上有两类：一类是细菌的质粒；另一类是多种病毒，其中有寄生于细菌的噬菌体，也有植物病毒和动物病毒。它们各有其不同的用途。

质粒是存在于细菌内染色体外的、可以自我复制的小型环状 DNA，一般大小在 5～10kb 以上，有自己的复制起点，也有基因，如对抗生素的抗性基因。质粒的一个作为载体的特性是可以从一个细胞转移入另一个细胞，也可以从细胞外的环境中进入细胞。质粒的另一个作为载体的特性是可以接受外来 DNA 的插入，插入 DNA 在一定长度内，仍可以保持其自我复制的特性，一个完整质粒的特性。因此可以把一个基因插入质粒，然后由质粒把这个基因带到细菌中，完成一个载体的使命。

重组 DNA 和基因克隆的研究是从得到质粒作为载体开始的。最初使用的是自然存在的一些质粒，如 pSC101、Co1E1 和 pCR1。这些质粒虽然可以用作载体，但效率低、用途小。要开展基因工程的研究，需要有适用于基因工程操作的质粒。内切酶和其他分子生物技术的存在，使人们改造自然存在的质粒成为可能，逐渐构建出了具有适合于基因工程应用特点的质粒。进行这方面改造的内容有：用内切酶除去多余的碱基，把质粒的碱基数减少到 5kb 左右，从而使之具备良好的携带目的基因的能力；具有能够满足 DNA 操作的酶切位点，包括在质粒内的内切酶的种类、数量以及在质粒内的位置；具有适当的标记基因，可以用作筛选是否携带重组 DNA 的细菌寄主。第一个这样的质粒出现在 1977 年，定名为 pBR322。pBR322 又经过一系列的改进，出现了适合于各种用途的质粒。例如，在质粒中插入大肠杆菌的半乳糖苷酶基因或其中一部分和它的启动子，或者是色氨酸酶基因的一部分和它的启动子，以适合于一些多肽基因在大肠杆菌中的多肽合成。再如在质粒中插入一段人工合成的含有多个酶切位点的 DNA 片段，从而可以应用多种内切酶进行操作。再如在质粒中插入动物病毒 SV40，从而可以使这种质粒作为载体进入动物细胞中。对质粒的这些修饰可以使质粒适应基因工程的各种要求，从而用于不同的研究目的。

λ 噬菌体是噬菌体的一种，它能寄生在大肠杆菌的细胞里，其遗传物质是 DNA。它可以接受一定量 DNA 的插入，并保持其寄生于大肠杆菌的特性。寄生的方式是把外壳蛋白留在细菌外，而 DNA 进入细菌内，利用细菌的复制、转录和翻译系统，进行繁殖并使其 DNA 所携带的基因得到表达。因此，λ 噬菌体成为一种重要的载体，也就是说，它可以把插入的 DNA 携带进入细菌，并在细菌中复制、转录和表达。对病毒基因组 DNA 的分析发现，λ 噬菌体 DNA 中，形成病毒颗粒和复制的基因都在两端，而中间是几个调节基因的序列。因此，λ 噬菌体作为载体可以将其中间部分用内切酶切去，从而可以接受更多的 DNA 插入。由于其复制基因和病毒外壳蛋白基因都位于两端，由重组构成的载体，λ 噬菌体，可以完成寄生到大肠杆菌中，在大肠杆菌中复制、表达基因并进行繁殖。这样的 λ 噬菌体可以接受多达 7kb 碱基以上的外来 DNA 的插入，是构建 cDNA 基因文库的极好载体。应用由 λ 噬菌体 COS 位点构成的 COS 载体可用于构建基因组文库，插入 DNA 可达 45kb 左右。同样，λ 噬菌体也是单个基因重组 DNA 的良好载体。为了这个目的对 λ 噬菌体进行了一系列相似于质粒的修饰，包括插入内切酶位点碱基序列，最近更发展到插入多内切酶位点的 DNA 片段；插入大肠杆菌的基因及其启动子；其他一些突变,使λ噬菌体具有一些新的生理特性。因此,它可以成为cDNA基因的良好载体。

除了上述两种主要载体以外,还有单链DNA噬菌体载体M13。这种载体有特殊的用途,如用于DNA碱基顺序的测定。但它没有普遍用途,因此应用机会较少。

3. 重组DNA的操作过程

重组DNA是一个杂种DNA分子,包含着两个来源的DNA:一个是载体DNA,可以是质粒DNA,也可以是λ噬菌体DNA;另一个是目的基因DNA,或者是基因组DNA的内切酶片段。重组DNA的操作过程是通过内切酶的处理,使之具有可以连接的内切酶末端。这种末端通常是同一内切酶的黏性末端,因而载体的黏性末端和目的基因DNA的黏性末端可以互补连接,再由DNA连接酶在它们末端脱氧核苷酸之间,形成磷酸二酯键,形成完整的重组DNA,完成把目的基因DNA或基因组DNA的内切酶片段插入载体的过程。

因此,重组DNA操作过程的第一步是在载体和目的基因DNA上,用内切酶切得必要的黏性末端,或者是加上去一个特定内切酶的黏性末端。在载体上,不论是质粒或λ噬菌体在用作载体以前,都要经过必要的改造,因而都具备必要的内切酶位点,往往是多个内切酶位点。只要选合适的内切酶加以切断,即可得到必要的末端。对于目的基因DNA来说,往往在它们的末端并没有必要的内切酶位点,因为内切酶必须是一定的碱基序列,而这样的序列不可能正好出现在目的基因的末端。因此对目的基因DNA和基因组DNA的内切酶片段,需要通过DNA操作,加上去一个必要的内切酶位点。在人工合成基因中,可以在设计合成基因时,把内切酶的切点加在两端,一起由DNA合成仪合成,对cDNA基因和基因组DNA内切酶片段,则往往要加上这样的内切酶位点。这是两种插入载体的DNA首先要完成的操作步骤。如果用一种内切酶处理,不论是载体或基因DNA都有两端相同的内切酶位点,其结果是载体或目的基因DNA自己可以末端互补,形成环状DNA,对载体的DNA来说则是恢复原状。对目的基因DNA来说,则哪一末端都可以和载体的任一末端连接,因而没有必要的5′→3′方向性,而转录遗传信息是必须有方向性的。因此,将有50%的概率得到不正确的连接,这样的重组DNA是无效的。为此,现在已发展在载体和目的基因DNA上(包括人工合成基因和cDNA基因)设置两种不同的内切酶位点,如果一端是*Eco*RⅠ内切酶位点,另一端可以设*Not*Ⅰ或*Xba*Ⅰ的内切酶位点,以克服上述缺陷。下面列出这两种酶切位点的碱基序列:

*Not*Ⅰ	5′…GC↓GGCC GC…3′
	3′…CG CCGG↑CG…5′
*Xba*Ⅰ	5′…T↓CTAG A…3′
	3′…A GATC↑T…5′

这种载体和插入 DNA 的黏性末端，除了普遍应用的内切酶位点以外，也有用互补的非内切酶位点，如一个黏性末端加上都是 A 的序列，而同它相应的黏性末端则是 T 的序列。同样也可以互补连接，但有一个重要区别存在于这两种黏性末端之中。内切酶的黏性末端在连接成重组 DNA 之后，当需要基因时，可以用内切酶把插入的基因完整地切下来。而多聚 A 互补多聚 T 的黏性末端是没有酶能把基因切下来的，因为不是任何内切酶所能辨认的碱基序列。

第二步，当质粒用选定的内切酶在一定的酶辨认序列上切断时，质粒成为线状而不是环状。λ 噬菌体则经切断后形成双臂。从而做好插入 DNA 的准备。

第三步，构成重组 DNA 的工作是将上述制备好的载体，同插入的目的基因 DNA 或 DNA 内切酶片段放在连接反应的缓冲液中，加入适量的 DNA 连接酶，完成连接过程，构成重组 DNA。

（三）目的基因克隆和筛选

构建重组 DNA 的目的是要以质粒或 λ 噬菌体为载体，把目的基因送入细菌、酵母菌或培养的动物细胞中并在宿主细胞中繁殖。这个繁殖的过程就是基因克隆的过程。对质粒载体(plasmid vector)和 λ 噬菌体载体(λ vector)来说，这个过程是有所区别的，因为在基因工程中，基因克隆的含义往往包括重组 DNA 的构建过程。

1. 质粒载体的克隆(clone of plasmid vector)**过程**

为了使细菌，主要是大肠杆菌可以在一般条件下以合理的效率接受外来的 DNA 即质粒进入细胞，必须对细菌做必要的处理。这种处理一般是影响细胞膜，其后使外来的 DNA 可以通过细胞膜进入细胞。这种细菌（如大肠杆菌）被称为转化细菌。处理的方法有多种，其中有两种最为常用：简单的方法是氯化钙处理，但用这种方法细菌的转化效率较低；转化效率较高的方法是用特定的缓冲液处理，在缓冲液中含有多种金属盐类和其他化合物。经过处理后的细菌，可以以一定的效率接受外来的 DNA。细菌接受了质粒重组 DNA，成为转化的细菌，其特点是由载体带入的基因可以在细菌中表达，合成该基因所编码的多肽。如果是人类的基因（如人生长激素基因），转化的细菌可以合成人的生长激素。

2. λ 噬菌体载体的克隆(clone of λ vector)**过程**

作为载体的 λ 噬菌体也像 λ 噬菌体本身一样，可以寄生到大肠杆菌内。因此虽然 λ 噬菌体 DNA 也可以像质粒一样，进入不经过处理的大肠杆菌，λ 噬菌体载体采用以病毒颗粒寄生的方式将噬菌体 DNA 送入大肠杆菌。其过程是先将 λ 噬菌体重组 DNA 和包装提取液混合在一起，形成 λ 噬菌体病毒颗粒。所谓包装提取液是一种从 λ 噬菌体溶菌过程中的细菌培养物里提取的蛋白质，其中包含着病毒包装所必需的各种蛋白质（病毒外壳蛋白等）。形成病毒后就可以主动地侵染大肠杆菌，并寄生大肠杆菌。由于其重组 DNA 的特点，重组 λ 噬菌体寄生在大肠杆菌内即可以合成各种形成病毒必要的蛋白，又可以表达其携带的基因。因而在筛选中可以用免疫检测的方法，测到重组的 λ 噬菌体载体。

3. 筛选过程

之所以需要进行筛选，有下列两个原因：①在上述转化细菌的过程中，仅有一部分细菌，而且是比例很小的细菌接受了外来的 DNA 即重组 DNA。在经过转化过程后，必须把已经转化的细菌筛选出来。要做到这一点，必须有某种手段，把转化和未转化的细菌区分开；②在基因组文库和 cDNA 文库中，往往在数以万计的细菌克隆中只有一个克隆带有某一种基因工程所需要的基因，如生长激素基因，必须通过筛选把携带所需要基因的细菌克隆筛选出来。至于人工合成的基因，由于重组 DNA 只有一种，因此不需要第二种的筛选。上述两个层次的筛选中，往往以后一种为主，前一种筛选一般都可以同克隆的过程同时完成。所以使用的筛选方法可以有以下三种。

(1) 利用载体中某一基因内的一个内切酶位点，将外来 DNA，即基因插入这一位点内，使载体内这一基因失去合成多肽的能力，从而把重组 DNA 从非重组 DNA 中筛选出来。例如，质粒 pBR322 有一个抗四环素基因（tet^{+}），其中有 *Bam*HⅠ内切酶位点，如果基因插入这个位点内，重组 DNA 质粒不能合成抗四环素基因，因而也就不能在含有四环素的培养基上生长。这种方法称为插入失活法。这个方法可以区别重组和非重组，但如果是总的 cDNA 基因插入，则不能区别是哪一个 DNA 基因。要完成后一种筛选，还需要后面的两种方法。

(2) 用 DNA 或 RNA 探针的分子杂交进行筛选。DNA 或 RNA 探针是一种与重组 DNA 基因的一段碱基序列相同的 DNA 或 RNA，它们可以来自基因、cDNA或 mRNA，也可以人工合成。将它们用放射性元素或生物素标记后，同基因的分子杂交，可以检出那些细菌克隆（或 λ 噬菌体）携带有所需要的基因。

基因克隆实验后的分子杂交筛选过程是先在培养基上培养转化后的细菌，待形成菌落后，利用在菌落上硝酸纤维膜滤纸的方法，将细菌菌落复印在硝酸纤维膜上，称为菌落复制滤膜。这一过程的采用是因为 DNA 分子杂交需要把细菌中的 DNA 解析出来，并把细菌破坏，还要准备好分子杂交必要的条件。更重要的是要保留活的转化细菌。因而通过上述方法，把菌落上一部分细菌转到硝酸纤维膜上。然后把硝酸纤维膜上的细菌用溶菌溶液处理，并在细菌溶解后将细菌内的 DNA 结合在硝酸纤维膜上。接下来是用一般的分子杂交方法，将 DNA 或 RNA 探针（标记的）同硝酸纤维膜上各个菌落的 DNA 杂交。凡是在以后的放射自显影或其他显影方式显示其 DNA 同检测探针杂交的，可以定为携带特定基因的重组 DNA 菌落。也就是所需要的基因工程细菌。这样的细菌将会合成导入基因的多肽。在基因组文库中，所筛选出的将是含有特定基因的全部或其中一部分的内切酶片段。

对 λ 噬菌体的筛选过程与筛选细胞的过程相似，差异仅在于转移的是溶菌后的噬菌体，而不是细菌。因此，细菌在培养时受到噬菌体的寄生，而后病毒溶解了细菌，在培养基上形成噬菌斑。DNA 探针的分子杂交也是在菌斑的硝酸纤维膜上进行。其结果与细菌的情况相同。

(3) 利用抗体进行免疫筛选。这种方法是用称为表达载体的质粒或 λ 噬菌体，对重组 DNA 细菌或 λ 噬菌体的选择，需要重组 DNA 中基因的表达，而后用这个基因所产生的多肽的抗体进行选择。实际上是检测某一菌落或 λ 噬菌体的噬菌斑在生物合成中所需要的多肽。能合成这种多肽的细菌或 λ 噬菌体必然是转基因的细菌或 λ 噬菌体。

从基因组文库筛选含有目的基因的内切酶片段和在 cDNA 文库中筛选某一 cDNA 基因，初看起来是极为困难的，工作量很大，因为在基因组文库中需要从几十万个菌落或噬菌体中选择出一个；在 cDNA 文库中也要从上万个菌落或噬菌体中选择出一个。但是实验技术的进步，已经可以把这一复杂的过程大大简化，成为短时间内可以完成的筛选过程。

(四) 对高等动植物的基因转移

向高等动植物中转移特定的基因是基因工程中一项极为重要的内容。自从 20 世纪 70 年代以来，由于分子遗传学的发展，成功地分离出基因，向高等动植物中转移基因的研究也随之开始了，出现了转基因动物和转基因植物。转基因动物是在 80 年代首先问世的，这个转基因动物是转基因小鼠，转入小鼠的是大鼠的生长激素基因。将大鼠的生长激素基因转入小鼠以后，转基因小鼠一方面能表达大鼠生长激素基因，产生大鼠的生长激素(rGH)；另一方面还在该生长激素的作用下，生长增加，使它的体型比原来的大小增加了 2～3 倍。这一结果揭开了转基因研究的第一页，此后又出现了转基因鱼、转基因羊等。所转移的基因种类也在增加，有血红蛋白的球蛋白基因、免疫球蛋白基因等。另外，转基因的方法不断丰富，除了将基因通过显微操作，注入受精卵的合子核内的方法以外，还有通过其他机械手段的方法。也有以载体(如动物病毒)和脂质体等转移基因的方法。转移基因的目的也随着基因转移的研究的扩大而增多。最初的转基因是以改变其遗传性为目的，希望转移进去的基因成为转基因动物基因组的一部分，并且有遗传的功能。如生长激素基因，但由于动物遗传的复杂性，这种转基因动物稳定遗传的例子还不多见。此后，转基因动物和基因转移的应用变得更为广泛。例如，转基因动物模型，用于研究某些特殊基因(如癌基因)的基因作用过程。又如转基因动物外来基因的表达，从而合成某种有用的多肽。另外，还可以作为一种治疗手段，称为基因疗法。这种方法正在尝试着应用于人类疾病的治疗(如癌症、糖尿病等)，可以把完整的胰岛素基因通过脂质体转移到动物(如小鼠)体内，它所合成的胰岛素可以帮助治疗糖尿病。癌症也是这样。这一途径给治疗遗传性疾病、癌症等顽病提供了一个崭新的方法，有希望从根本上治疗这些不治之症。但是，要真正使基因转移有稳定而明显的效应，才可以实际应用基因治疗的方法。

与动物基因转移的进展相比较，关于植物基因转移研究虽然晚于动物，但近几年取得了不少成功的例子，也遇到了许多困难。首先，植物基因转移找到了有效的方法，其中几种植物基因转移成功的例子都是采用农杆菌 Ti 质粒作为载体，将基因插入 Ti 质粒然后转移到植物体内。这一方法是目前植物基因转移最有效的方法。其次现在植物基因转移成功的例子有抗虫、抗病、抗除草剂基因的转移，从而得到了抗虫、抗病、抗除草剂的烟草、番茄等作物。这些成功是在外来基因转移到高等植物中后能够稳定遗传的有力证据。但植物基因工程也有其困难的一面。植物的基因工程(包括基因转移在内)首先是以植物中的两个主要过程:光合作用和生物固氮为主要课题。虽然已经过十多年的研究，但没有得到基因工程上突破性的成功。其次所取得的成功都限于双子叶植物，而在单子叶植物中，由于农杆菌并不能寄生，至今缺乏基因转移成功的例子。植物基因转移的方法已经有多种，有几种直接将基因注射入植物的方法，也有以植物病毒为载体的方法，从而扩大了植物基因转移的可能。特别是植物可以把转移进去的基因稳定地遗传给后代，给植物基因转移的研究增加了极其有利的因素，大大地推动了植物基因转移研究的进展。

(五) DNA 指纹

DNA 指纹是指基因组 DNA 的内切酶酶切片段或由聚合酶链反应所扩增的片段，经电泳后所显示的某一位点的 DNA 谱带。前一种谱带能显示出基因组 DNA 内切酶片段的多态现象。这种谱带都具有个体的特异性，好像人的指纹，几乎可以每个人不同。但它又不同于指纹，它的遗传特点，即亲代和子代有遗传联系，可以用孟德尔遗传定律加以分析。由于这一特点，DNA 指纹得到了广泛的应用，成为研究基因组 DNA 主要是非基因 DNA 的一种新技术。

内切酶酶切长度多态现象的产生是由于其串联重复数目上的变异。当一个内切酶酶切片段包含这样的基因座位时，在不同个体中由于串联重复数目的不同，这个内切酶酶切片段的长度也会不同，同一座位上的两个重复数目可以相同，称纯合，而不同则称杂合。由于串联重复较大，因而这样的片段往往每个人都不同，但亲子之间又有遗传关系。当以内切酶处理基因组 DNA，得到片段，而后用一定浓度的聚丙烯酰胺电泳后，通过转移到硝酸纤维膜上或尼龙膜上，再以这个座位的 DNA 探针进行分子杂交，就可以找到含有这一串联重复顺序的内切酶酶切片段。而串联重复数目不同又决定内切酶酶切片段长度不同，从而决定了显示出来的电泳谱带。每个人的这种谱带是一定的。在法医上，20 世纪 80 年代已经开始应用这一 DNA 研究成果。一种应用是判断谁是罪犯。当在犯罪现场找到血液、头发或其他可以提取 DNA 的材料，做出某一串联重复座位内切酶图谱，再把嫌疑犯的同样图谱做出来，如果相同则可以确认他就是罪犯。因为内切酶酶切长度多态现象完全相同的人概率极小，只有几十万分之一到几百万分之一。另一种应用则是进行亲子鉴定。在动物中也得到了广泛的应用，因为串联重复的数目是可以遗传的，在子代的两个等位基因(顺序)长度多态中，如果在遗传过程中没有发生过突变的话，必然有一个相同于父亲，而另一个相同于母亲。如果在一群灵长类动物中，有几头雄性的猿，但不知道哪一头是新生小猿的父亲，通过DNA指纹就可以确定哪一个是它的父亲。一定数量的实验证明这个方法是有效的。在更多的鸟类中，实验证明这一方法同样可以应用。这一类方法的应用对于群体遗传的研究，对于动物分类的研究，特别是对动物多样性的研究，具有重要意义。

近几年来，随着聚合酶链式反应技术的发展和广泛应用，DNA指纹也开始应用这一技术，可以通过DNA扩增某一特定的串联重复顺序基因，得到DNA指纹，即明显的不同DNA长度片段的电泳谱带。这一方法被称为聚合酶链反应扩增片段长度多态现象。实验的方法是设计可以扩增整个串联重复基因的DNA引物。由于串联重复数目的多变，通过聚合酶链反应所扩增的这一DNA片段，同样也是不同的。它的一对等位基因也可能不同。例如，在3′*apoB*基因的末端有一个串联重复顺序，核心碱基顺序为30bp，可以有1个核心顺序，同样也可以有2～37个重复，因而可以扩增成37个不同长度的扩增DNA片段。用聚合酶链反应扩增以后，也用电泳将不同长度的扩增片段分成电泳凝胶的带上，用溴化乙锭或硝酸银染色，可以得到谱带的照片。这一方法比内切酶酶切片段多态现象的方法更为简便，因而将会有更广泛的应用。

这一领域的研究意义还在于这种研究不是以基因DNA为对象，因为基因DNA，即编码基因遗传信息的碱基序列是相当保守的，不可能有足够的变异作为进行DNA指纹的基础。包括内切酶酶切片段多态现象和聚合酶链反应扩增片段多态现象。DNA指纹的研究因而以非基因DNA为对象，进一步了解非基因DNA的遗传和变异，说明虽然非基因DNA在遗传中的了解还很少，但它的遗传同许多基因的遗传有相关性。现在内切酶酶切多态现象除了上面的DNA指纹用途以外，还用于标记序列，以同其他有用的基因相联结，如用于同癌基因相联结，将多态现象中的某一变异同癌基因中的致癌突变相联结，用以作为诊断癌症的一种方法。另外试图把多态现象与数量基因相联结，作为选择数量基因的一种标记序列，虽然这一方面还没有获得更多的实用进展，但这方面的研究在稳步地向前推进。这些研究可以证明对非基因DNA的研究也是非常有意义的部分。

（六）单克隆抗体

单克隆抗体是20世纪七八十年代的一项重要生物工程研究成果。它涉及生物科学的多个交叉学科，例如，细胞杂交、染色体行为和免疫球蛋白的基因表达。

哺乳动物免疫的一个重要功能是由特定的细胞，B细胞和T细胞产生同抗原相结合的抗体。一个B细胞或T细胞经过免疫基因的重排只产生一种抗体，但在一组B细胞或T细胞中则会产生几十种抗体，而且这种细胞寿命极短，因而要通过实验分离出专门产生某种抗体的B细胞，并使它能够长期生存，以产生大量的抗体。在这个基础上，研究成功了解决这两个难题的单克隆抗体。

单克隆抗体是由杂交细胞产生的一种抗体。该细胞由两种细胞杂交而成。一种细胞是癌细胞，常用的是骨髓瘤细胞，经过选择，得到一种不产生免疫球蛋白而且生长快的 FO 细胞系。癌细胞可以无限地分裂和延续生命，用以解决抗体细胞生命极短的问题。解决的方法是将 B 细胞同骨髓瘤细胞杂交，得到的杂交细胞保持着骨髓瘤细胞的全部染色体，可以不断地生长和分裂，而 B 细胞的染色体则逐步地丢失，只留下少数几条染色体。如果保留的染色体携带着免疫球蛋白基因，就可以产生一种抗体。经过杂交细胞的筛选，就可以得到能产生一种特定抗体的杂交瘤细胞，称为单克隆抗体。为了得到能产生特定抗体的细胞，需要诱发 B 细胞产生相应的抗体。这些 B 细胞来自胰脏。虽然 B 细胞在胰脏细胞中比例不大，但不能先进行分离，而是在与骨髓瘤细胞杂交后，通过培养基的选择作用，将二者的杂交细胞筛选出来。因此单克隆抗体是由杂交瘤细胞所产生的一种特定的抗体。由于杂交细胞只产生一种抗体，这种抗体纯度高，用于检测抗原或某种蛋白，其特异性极高。也可以用于分离高纯度的某种抗原蛋白。单克隆抗体已是一种用途极广的生物技术[129]。

三、抗药性基因工程研究方法

在植物病原菌的抗药性研究中，对上述研究方法的应用已越来越广泛。特别是近年来随着生物技术的飞速发展和研究植物病原菌抗药性遗传机制客观需要的增长，蛋白质分析、酶工程、基因工程等先进技术手段被先后引入对植物病原菌抗药性机制的探索之中，并推动着这一领域里科学研究的发展。例如，在抗性遗传机制和抗性基因利用方面的研究，基因工程技术是不可缺少的方法和手段。

在抗药性遗传机制研究方面，已经通过借鉴其他生物基因分离提取手段对一些抗药性基因在分子水平上进行了深入研究。以植物病原菌对苯并咪唑类杀菌剂抗性基因的分子生物学研究为例，就是根据动物 β-微管蛋白基因的序列设计探针，然后在病原菌的基因组中提取该抗性基因。用这种方法我们可以在多种对苯并咪唑类杀菌剂产生了抗性的植物病原菌中分离到该抗性基因。在获得了抗性基因以后，要选择合适的载体进行重组。目前用来作该抗药性基因载体的质粒包括：pRB129、pTA、pBENA3、pUC18 等。根据比较，不同质粒的转化率是有明显差别的。

完成了载体构建以后，需对宿主微生物（如木霉、毛壳菌）进行处理以获得感受态原生质体。在制备木霉的感受态原生质体时，要用 DM（1.2mol/L 山梨醇，10mmol/L Tris，pH＝7）清洗木霉菌丝。然后把木霉菌丝经 5000r/min 离心 5min，弃上清液收集沉淀。把该沉淀物悬浮于含 0.8% Novozym 234 的 DM 中，在室温下振荡作用 3h。经纱布过滤，除去细胞碎片，再经 5000r/min 离心 5min，沉淀用 DM 液和 TM（1.0mol/L，山梨醇，10mmol/L Tris，pH＝7.5，20mol/L $CaCl_2$）转化液各洗涤1次，然后沉淀悬浮于TM转化液中。

下面就可以进行抗药性基因的转化了。在200μL TM原生质体(2×10^{6}/mL)液中加入100μL含50μg pRB129质粒的TE(Tris EDTA)，冰浴作用30min，加入50μL 60%PEG(4000)TM液，冰浴作用10min。再加入1mL PEG(4000)TM液，在室温下作用10min。然后再加入4mL RM(1.2mol/L，山梨醇，10mmol/L Tris，pH=7.5，0.1% K_2HPO_4，0.05% $MgSO_4$，0.3%$NaNO_3$)液进行稀释，按每份2×10^{5}原生质体的数量，混合于10mL熔化的RA中(45～48℃)，在平皿中27℃下分别培养16h、18h、24h。

完成上述转化后，就要进行木霉转化子筛选。分别在培养16h、18h、24h后，在培养皿中加入10mL含多菌灵(10μg/mL)的RA，在27℃下继续培养。

筛选出抗药性基因转化子以后，要对转化子的抗性水平和抗性稳定性进行生物测定。将转化子在含15μg/mL、30μg/mL、90μg/mL、150μg/mL多菌灵培养基上培养，通过测转化子的EC_{50}了解其抗性水平。同时在不含多菌灵培养基上连续培养转化子10代，然后再在含15μg/mL、30μg/mL、90μg/mL、150μg/mL多菌灵培养基上培养，看其抗性水平是否发生变化，以了解其抗性是否稳定。

四、抗药性基因转化原理研究方法

然而，在了解了基因工程的基本操作过程以后，还要善于把它应用于抗性遗传机制和抗性基因利用方面研究的实践，摸清抗药性基因转化原理，以提高抗药性基因的利用效率。在应用的过程中，需要通过运用抗药性基因转化原理解决的实际问题有：在抗性基因转化率如何提高(如有关于"感受态"细胞的制备、目的基因转化方法等)、克隆基因在转化子中的表达和转化子的稳定性、抗性基因在生物防菌中的转化规律、生物防治菌所产生抗生物质结构基因的利用等。随着这些问题研究解决必将使基因工程理论和研究方法的内容更加丰富。

在抗性基因转化率提高方面，除了"感受态"细胞的制备的方法改进以外，最有效果的方法是利用致瘤农杆菌介导的方法。运用致瘤农杆菌介导法可以提高转化效率达数十倍以上，是目前抗药性基因转化效率最好高的方法。另外，根据实际情况改变目的基因转化方法也能比较明显的提高抗药性基因转化效率。

五、抗药性基因组学研究方法

目前在利用抗药性基因于生物防治菌基因工程研究中，为了更好地高效利用包括抗药性基因在内的各种基因资源，已经开始研究生微生物的基因组。对于微生物的基因组研究是从毛壳菌的EST序列开始的。随着基因组学和人类基因组计划的研究深入，人类基因组的研究进入到一个崭新的阶段，许多模式生物的基因组研究已经到了关键时期。作为在人类基因组计划中发展的最为迅速，并在物理图谱、遗传图谱、基因图谱构建过程中以及基因功能方面发挥了巨大作用的表达序列标签(expressed sequence tag,EST)研究战略也受到模式生物基因组研究者的广泛重视。由于表达序列标签的研究可以大大缩短发现新基因的时间,并在各种图谱的构建及在组织表达谱的研究中具有许多优势,许多大的研究机构和医药公司纷纷投资 EST 研究,并成为争夺基因专利和知识产权的重要工具和有效途径。

EST 是从已构建好的 cDNA 文库中随机挑选克隆,从 5′端或 3′端对所插入的片段进行一轮单向自动测序,所获得的 60～500bp 的一段 cDNA 序列就是一个 EST,它可以揭示生物特定组织中表达的基因[130]。研究者可利用 EST 数据库寻找出与所研究基因相关的信息,从而,大大节省研究的时间。EST 的长度直接决定了所测 cDNA 和 mRNA 的信息含量。

由于 EST 测序只是测定部分序列,也不需要对克隆进行排序,因而完成 EST 测定所需要的人力物力的消耗与基因组测序和全长 cDNA 测序要少得多,具有经济和高效的特点。由于 DNA 测序技术的不断更新和大规模测序技术的出现,在 DNA 测序中逐步实现了工厂化和流水作业,因此测序费用大幅度减少[131]。随着基因组计划的顺利完成,尤其是 EST 在染色体定位的数量以及在物理图谱构建过程中作为标记的数量的增加,EST 序列的测定越来越呈现出强劲的增长势头,EST 在基因组研究中的作用越来越明显。

作为基因组计划一部分的 EST 序列测定一经提出,就受到了广泛的关注与争论[132]。许多基因组学家认为,随着人类基因组计划的实施,物理图谱和基因图谱将会不断地完善。在所有的组织、细胞类型和不同发育阶段中发现每一种表达的 mRNA 是非常困难的。而且,许多很有价值的,来源于内含子的和基因间区包括调控序列在内的有关信息都会在 cDNA 测序中丢失。甚至有些基因学家错误地认为,基因的编码序列及 mRNA 序列可以很容易的从基因组序列中得到,因此,大规模的 cDNA 测序是不需要的。而 EST 研究支持者认为,基因的编码序列代表了基因组中信息量的绝大部分,但其 cDNA 只占 DNA 总量的 3%[133],而人类的基因组是非常庞大的,因此,全基因组测序所花费的人力物力是不可估量的,与其要做基因组序列测定,不如把精力放到直接可以翻译成蛋白质产物的 cDNA 序列测定上,因此,cDNA 的序列测定可以先于基因组测序,这样就可以避免在占人类基因组 97%的非编码序列上过多的浪费时间与金钱。随着基因组计划的顺利进行,尤其是 EST 在染色体上定位的数量以及在物理图谱构建过程中作为标记数量的不断增加,EST 序列的测定越来越呈现出强劲增长的势头。

在国际上,人类和小鼠的及其他模式生物的 EST 研究进展如火如荼,然而在其他物种的 EST 研究却进展得非常缓慢。在我国,作者对植物病害的重要生物防治菌——毛壳菌基因组的 EST 进行了初步研究,完成了毛壳菌菌丝生长期 cDNA 文库的构建,在国内外首次得到了毛壳菌中的 1471 个表达基因[134],引起了国内外同行的关注;同时,他对植物病害的另一重要生物防治菌[136]——木霉菌基因组的 EST 进行了初步研究,完成了木霉菌菌丝生长期 cDNA 文库的构建,在国内外首次得到了木霉菌中的1740个表达基因[135]。此项研究为揭示毛壳菌[36]、木霉菌生物防治功能的遗传基础开辟了新的途径，为继续研究生物防治相关功能基因、研究它们的表达产物和开发新一代生物农药奠定了不可缺少的理论基础，是进行具有独立知识产权的原创性研究的良好开端。

总之，运用基因组学，特别是EST研究手段，对于我们更多、更好地利用抗药性基因开辟了新的道路，是一个崭新的研究领域。这不仅有利于更好地利用抗药性基因，而且有利于诠释这些基因相关的生物体分子作用机理。从代谢组的水平了解这些基因的表达规律。

参考文献

[1] Churchill A C L,Ciuffetti L M,Hansen D R,et al. Transformation of the fungal pathogen *Cryphonectria parasitica* with a variety of heterologous plasmids. Curr. Genet. ,1990,17:25～31

[2] Davidse L C. Benzimidazole fungicides:mechanism of action and biological impact. Annual Review of Phytopathology,1986,24:43～65

[3] Davidse L C. Biological aspects of benzimidazole fungicides-action and resistance. *In*:Lyr H. Modern selective fungicides-properties,applications,mechanisms of action. London:Longman Group,1987:245～257

[4] Ishii H,Fukaya M,Faretra F,et al. Stability of benzimidazole resistance and diethofencarb sensitivity of Botrytis cinerea. Proceedings of the 10th International Botrytis Symposim,1992:232～237

[5] Elad Y,Yunis H,Katan T. Multiple fungicide resistance to benzimidazoles,dicarboximides and diethofencarb in field isolates of *Botrytis cinerea* in Israel. Plant Pathology,1992,41:41～46

[6] Fujimura M,Kamakura T,Yamaguchi I. Action mechanism of diethofencarb to a benzimidazole-resistant mutant in *Neurospora crassa*. Journal of Pesticide Science,1992,17:237～242

[7] Delen N,Yildiz M. Fungicide resistance of some fungal pathogens isolated from greenhouses in Turkey. Journal of Turkish Phytopathology,1982,11(1-2):33～40

[8] Sheir-Neiss G,Lai M H,Morris N R. Identification of a gene for β-tubulin in *Aspergillus nidulans*. Cell,1978,15:639～647

[9] Martin L A,Fox R T V,Baldwin B C,et al. Use of polymerase chain reaction for the diagnosis of MBC resistance in *Botrytis cinerea*. Brighton Crop Protection Conference—Pest and Disease,1992

[10] 黄大昉,王俠,周淑芝．甜菜褐斑病菌对苯并咪唑类杀菌剂抗药性的研究．植物保护学报,1982,9(2):131～135

[11] 罗汝南,黄健坤,戚佩坤．柑橘绿霉对苯并咪唑类杀菌剂抗药性的研究．植物保护学报,1985,12(4):269～273

[12] 叶钟音,周明国．江淮地区小麦赤霉病菌对多菌灵耐药性的测定．植保学报,1985,12(3):188

[13] 杨谦．关于核盘菌对多菌灵抗药性的研究．北方园艺,1993,(4):45～46

[14] Goettel M S,Leger R J S,Bhairi S,et al. Pathogenicity and growth of *Metarhizium anisopliae* stably transformed to benomyl resistance. Curr. Genet. ,1990,17:129～132

[15] 杨谦,赵晓岩．多菌灵抗性基因在木霉中的转化方法．科学通报,1998,43(22):2423～2426

[16] 李梅,杨谦,宋金柱．多菌灵抗性基因在毛壳菌中的转化．高技术通讯,2002,12(2):43～45

[17] Diriwachter G,Sozzi D,Ney C,et al. Cross-resistance in *Phytophthora infestans* and *Plasmopara viticola* against different phenylamides and unrelated fungicides. Crop Protection,1987,6(4):250～255

[18] Ishii H. Fungicide resistance of pear scab fungus in Japan. Acta Phytopathologica et Entomologica Hungarica,1992,27(1～4):289～292

[19] Delp C J. Coping with resistance to plant disease control agents. Plant Disease,1980,64:652～658

[20] 刘波,叶钟音,刘经芬,等．速克灵抗性灰霉病菌菌株性质的研究．植物保护学报,1992,19(4):297～302

[21] Yang Q. Resistance of *Sclerotinia sclerotiorum* to carbendazim_I. Resistance and its development of *S. sclerotiorum* to carbendazim. Journal of Northeast Forestry University,1994,3:23～29

[22] Huang D F. Control of blue mold and green mold on citrus fruits with two types of topsin fungicide. Acta

Phytophylacica Sinica,1982,9(2):131～135

[23] Liu Y. Studies on the fungicide-resistance of three *Cercospora* species. MSc Thesis, Nanjing Agricultural University, 1990

[24] Zhou M G, Ju L H, Lu Y J, et al. Resistance of *Gibberella fujikuroi* to benzimidazoles. ICGEB Practical Course 1993 Proceedings, 1993:93～95

[25] Ishii H, Takeda H. Differential binding of a *N*-phenylformamidoxine compound in cell-free extracts of benzimidazole-resistant and -sensitive isolates of *Venturia nashicola*, *Botrytis cinerea* and *Gibberella fujikuroi*. Neth. J. Pl. Path., 1989, 95(1):99～108

[26] Enisz J, Buchenauer H. Sensitivity of carbendazim sensitive and resistant strains of *Gerlachia nivalis* to methyl N-(3,5-dichlorophenyl)-carbamate(MDPC). Journal of Plant Diseases and Protection, 1987, 94 (4):409～418

[27] El-goorani M A, El-kasheir H M. Resistance to benzimidazole fungicides of *Penicillium italicum* and *P. italicum* isolated from packinghouses and orchards in Egypt. Plant Disease, 1984, 68(2):100～102

[28] Zhou M G, Ye Z Y. Resistance in *Botrytis cinerea* on strawberry to benzimidazole fungicides in China. ICGEB Practical Course' 1993 Proceedings, 1993:123～128

[29] Davidse L C, Flach W. Interaction of thiabendazole with fungal tubulin. Biochimica et Biophysica Acta, 1978, 54(3):82～90

[30] Jones A L, Shabi E, Ehret G R. Genetics of negatively correlated cross-resistance to a *N*-phenylcarbamate in benomyl-resistant *Venturia inaequalis*. Canadian Journal of Plant Pathology, 1987, 9(3):195～199

[31] Shabi E, Ben-Yephet Y. Tolerance of *Venturia pirina* to benzimidazole fungicides. Plant Disease, 1976, 60 (5):451～454

[32] Rosenberger D A, Meyer F W. Negatively correlated cross-resistance to diphenylamine in benomyl resistanct *Penicillium expansum*. Phytopathology, 1985, 75(1):74～79

[33] Stover R H. A non-virulent benomyl tolerant *Cercospora* from leaf spots caused by *Mycosphaerella fijiensis* Svar. difformis and *M. musicola*. Trans. Br. myco. Soc., 1977, 69(3):500～502

[34] Borck K, Braymer H D. The genetic analysis of resistance to benomyl in *Neurospora crassa*. Journal of General Microbiology, 1974, 85:51～56

[35] Ishii H, Fukaya M, Faretra F, et al. Stability of benzimidazole resistance and diethofencarb sensitivity of *Botrytis cinerea*. Proceedings of the 10th International *Botrytis* Symposium, Heraklion, Crete, Greece, 1992:232～237

[36] Ishii H, Yanase H, Dekker J. Resistance of *Venturia nashicola* to benzimidazole fungicides. Med. Fac. Landbouww. Rijksuniv. Gent, 1984, 49(2a):163～172

[37] Ishii H, Udagawa H, Yanase H, et al. Resistance of *Venturia nashicola* to thiophanate-methyl and benomyl: build-up and decline of resistance in the field. Plant Pathology, 1985, 34:363～368

[38] Ye Z Y. Fungicide-resistance research in China. ICGEB Practical Course' 1993 Proceedings, 1993:11～22

[39] Zhou M G. Organophosphorus compounds. ICGEB Practical Course' 1993 Proceedings, 1993:84～90

[40] 彭云良，刘经芬，叶钟音．稻瘟病菌对稻瘟灵耐药性的研究．植物保护学报，1993，20(1):77～81

[41] Dekker J, Gielink A J. Decrease sensitivity to pyrazophos of cucumber and gherin powdery mildew. Neth. J. Plant Pathol., 1979, 85:137～142

[42] Wellmann H, Schauz K. DMI-resistance in *Ustilago maydis* I. Characterization and genetic analysis of triadimefon-resistant laboratory mutants. Pesticide Biochemistry and Physiology, 1992, 43:171～181

[43] Butters J, Clark J, Hollomon D W. Resistance to inhibitors of sterol biosynthesis in barley powdery mildew. Med. Fac. Landbouww. Rijksuniv. Gent., 1984, 49/2a:143～151

[44] Shepers H T A M. Changes during a three-year period in the sensitivity to ergosterol biosynthesis inhibi-

tors of *Sphaerotheca fuliginea* in the Netherlands. Neth. J. Plant Pathol. ,1985,91:105～118

[45] de Waard M A, Kipp E M C, Horn N M, et al. Variation in sensitivity to fungicides which inhibit ergosterol biosynthesis in wheat powdery mildew. Neth. J. Plant Pathol. ,1986,92:21～23

[46] Wolfe M S. Dynamics of the response of barley mildew to the use of sterol synthesis inhibiters. EPPO Bull. ,1985,15:451～457

[47] Schwinn F J. Resistance to phenylamides. ICGEB Practical Course' 1993 Proceedings,1993:71～79

[48] Ishii H. Antibiotics. ICGEB Practical Course' 1993 Proceedings,1993:48～52

[49] Thhayer P L, Stall R E. Effect of variation in the bacterial spot pathogen of pepper and tomato on control with streptomycin. Phytopathology,1961,51:568～571

[50] Thhayer P L, Stall R E. A survey of *Xanthomonas vesicatoria* resistance to streptomycin. Proc. Fla. State Hortic. Soc. ,1962,75:162～165

[51] Ritchie D F, Dittapongpitch V. Copper- and streptomycin-resistant strains and host differentiated races of *Xanthomonas campestris* pv. *vesicatoria* in North Carolina. Plant Disease,1991,75(7):733～736

[52] Chiou Chien-Shun, Jones A L. The analysis of plasmid-mediated streptomycin resistance in *Erwinia amylovora*. Phytopathology,1991,81(7):710～714

[53] Zhou M G, Ju L H, Lu Y J, et al. Resistance of *Gibberella fujikuroi* to benzimidazoles. ICGEB Practical Course' 1993 Proceedings,1993:93～95

[54] Cohen Y, Samoucha Y. Cross-resistance to four systemic fungicides in metalaxyl-resistant strains of *Phytophthora infestans* and *Pseudoperonospora cubensis*. Plant Disease,1984,68:137～139

[55] ed Waard M A. Resistance development: theory, definitions and mechanisms. ICGEB Practical Course' 1993 Proceedings,1993:23～26

[56] Zhou M G, Lu Y J, Wang J X, et al. Research on resistance of *Gibberella zeae* (wheat scab) to carbendazim. ICGEB Practical Course' 1993 Proceedings,1993:150～157

[57] Nachmias A, Barash I. Decrease permeability as a mechanism of resistance to methyl benzimidazol-2-yl carbamate(MBC) in *Sporobolomyces roseus*. Journal of General Microbiology,1976,94:167～172

[58] Ishii H, van Raak M. Inheritance of increased sensitivity to N-phenylcarbamates in benzimidazole-resistant *Venturia nashicola*. Phytopatology,1988,78(6):695～698

[59] Ishii H. Genetics of resistance. ICGEB Practical Course' 1993 Proceedings,1993:37～41

[60] Georgopoulos S G. The genetic basis of classification of fungicides according to resistance risk. Bulletin OEPP/EPPO Bulletin,1985,15:513～517

[61] Borck M K. Studies on the mode of action of benomyl in *Neurospora crassa*. Ph. D Thesis, Lousiana State University,1973:171

[62] Howard R J, Aist J R. Effects of MBC on hyphal tip organization, growth and mitosis of *Fusarium acuminatum* and their antagonism by D_2O. Protoplasma,1977,92:195～210

[63] Howard R J, Aist J R. Cytoplasmic tubules and fungal morphogenesis: ultrastructural effect of methyl benzimidazole-2-yl carbamate determined by freeze substitution of hyphal tip cells. Journal of Cell Biology,1980,87:55～64

[64] Davidse L C, Flach W. Differential binding of methyl benzimidazol-2-yl carbamate to fungal tubulin as a mechanism of resistance to this antimitotic agent in mutant strains of *Aspergillus nidulans*. The Journal of Cell Biology,1977,72:174～193

[65] Wilson L, Bryan J. Biochemical and pharmacological properties of microtubules. Advances in Cell and Molecular Biology,1974,4:21～72

[66] Luduena R F, Woodward D O. α- and β-tubulin; separation and partial sequence analysis. Annals of the New York Academy of Sciences,1975,253:272～283

[67] Rose V L. Herodima formation and tubulin function in *Saccharomyces cerevisiae*. PhD Thesis, Messachusetts Institute of Technology, 1999

[68] 陆悦健,周明国,叶钟音. 抗苯并咪唑的小麦赤霉病菌 β-tubulin 基因序列分析与特性研究. 植物病理学报,2000,30(1):30～34

[69] van Tuyl J M. Genetics of fungicide resistance. Mededelingen Landbouwhogeschool. Wageningen, 1977, 77(2):236

[70] Gessler C. Uber den mechanisms der Resistenz von Pilzen gegenuber Benomyl. Phytopathologische Zeitschrift, 1976, 85:35～38

[71] Lambert D H, Wuest P J. Acid production, a possible basis for benomyl tolerance in *Verticillium malthousei* Ware. Phytopathology, 1975, 65:637～638

[72] Nachmias A, Barash I. Decreased permeability as a mechanism of resistance to methyl benzimidazol-2-yl carbamate(MBC) in *Sporobolomyces roseus*. Journal of General Microbiology, 1976, 94:167～172

[73] Rubin R W, Cousins E H. Isolation of a tubulin-like protein from Phaseolus. Phytochemistry, 1976, 15: 1837～1839

[74] Richmond D V, Phillips A. The effect of benomyl and carbendazim on mitosis in hyphae of *Botrytis cinerae* Pers. ex. Fr. and roots of *Allium cepa* L. Pesticide Biochemistry and Physiology, 1975, 5:367～379

[75] Hoebeke J, van Nijen G, de Brabander M. Interaction of oncodazol(R 17934), a new antitumorl drug, with rat brain tubulin. Biochemichal and Biophysical Research Communications, 1976, 69:319～324

[76] Gardiner J A, Kirkland J J, Klopping H L, et al. Fate of benomyl in animals. Journal of Agricultural and Food Chemistry, 1974, 22:419～427

[77] de Waard M A. On the mode of action of the organophosphorus fungicide Hinosan. Neth. J. Plant Pathology, 1972, 78:186～188

[78] 华南农业大学. 植物化学保护. 北京:农业出版社,1990

[79] de Waard M A, van Nistelrooy J G M. Mechanism of resistance to pyrazophos in *Pyricularia oryzae*. Neth. J. Plant Pathology, 1980, 86:251～258

[80] Fenn M E, Coffey M D. Further evidence of the direct mode of action of Fosetyl-Al and phosphorous acid. Phytopathology, 1985, 75(9):1064～1068

[81] Guest D I, Grant B. The complex action of phosphonates as antifungal agents. Biological Reviews of the Cambridge Philosophical Society, 1991, 66:159～187

[82] Saindrenan P, Barchietto T, Bompeix G. Modification of the phosphite induced resistance response in leaves of cowpea infected with *Ptytophthora cryptoea* by α-aminooxyacetate. Plant Science, 1990, 67: 245～251

[83] Ziogas B N, Oesterhelt G, Masner P, et al. Fenpropimorph: a three site inhibitor of ergosterol biosynthesis in *Nectria haematococca* var. *cucurbitae*. Pesticide Biochemistry and Physiology, 1991, 39:74～83

[84] Schimke R T. 基因扩增和药物抗性. 科学,1981,(3):8～18

[85] Lipmann F. Attempts to map a process evolution of peptide biosynthesis. Science, 1971, 173:875～883

[86] Lipmann F. 蛋白质·核酸. 酵素,1976:25～26

[87] Lipmann F. A long life in times of great upheaval. Ann. Rev. Biochemistry, 1984, 53:1～33

[88] Takeuchi T. Studies of the epidemiology of fungicide resistant gray mold strains. Special Bulletin of the Chiba-Ken Agricultural Experiment Station, 1987, (14):1～75

[89] Yang Qian. Resistance of *Sclerotinia sclerotiorum* to carbendazim II. Factors influencing EC_{50} of carbendazim to *S. sclerotiorum* and the virulence of a *S. sclerotiorum* strain tolerant to the chemical. Journal of Northeast Forestry University, 1994, (4):30～35

[90] Shabi E, Katan T. Fitness of *Venturia pirina* isolates resistant to benzimidazole fungicides. Phytopathology, 1980,

70:1172~1174

[91] Fujimura M, Oeda K, Inoue H, et al. A single amino-acid substitution in the beta-tubulin gene of *Neurospora* confers both carbendazim resistance and diethofencarb sensitivity. Curr. Genet., 1992, 21:399~404

[92] May G S, Gambino J, Weatherbee J A, et al. Identification and functional analysis of beta-tubulin genes by site specific integrative transformation in *Aspergillus nidulans*. The Journal of Cell Biology, 1985, 101:712~719

[93] May G S, Tsang M L S, Smith H, et al. *Aspergillus nidulans* β-tubulin genes are unusually divergent. Gene, 1987, 55:231~243

[94] Burland T G, Schedl T, Gull K, et al. Genetic analysis of resistance to benzimidazoles in *Physarum*: differential expression of β-tubulin genes. Genetics, 1984, 108:123~141

[95] Neff N F, Thomas J H, Grisafi P, et al. Isolation of the β-tubulin gene from yeast and demonstration of its essential function *in vivo*. Cell, 1983, 33:211~219

[96] Thomas J H, Neff N F, Botstein D. Isolation and characterization of mutations in the β-tubulin gene of *Saccharomyces cerevisiae*. Genetics, 1985, 112:715~734

[97] Koenraadt H, Somerville S C, Jones A L. Characterization of mutations in the beta-tubulin gene of benomyl-resistant field strains of *Venturia inaequalis* and other plant pathogenic fungi. Phytopathology, 1992, 82(11):1348~1354

[98] Taga M, Nakagawa H, Tsuda M, et al. Identfication of three different loci controlling kasugamycin resistance in *Pyricularia oryzae*. Phytopathology, 1979, 69:463~466

[99] Kalamarakis A E, de Waard M A, Ziogas B N, et al. Resistance to fenarimol in *Nectria haematococca* var. *cucurbitae*. Pesticide Biochemistry and Physiology, 1991, 40:212~220

[100] Zhou M G, Ye Z Y, Liu J F. The resistance of *Thanatephorus cucumeris* to jinggangmycin--detection, monitoring and induction of *Thanatephorus cucumeris*. Chinese Journal of Rice Science, 1991, 5(2): 73~78

[101] Iijima A, Terasawa M. Epidemical studies on the drug-resistant strains of rice blast fungus, *Pyricularia oryzae* cavara. Bulletin of Nagano Agricultural Experiment Station Japan, 1987, 44:39~94

[102] Schwabe W F S. Resistance of the apple scab fungus (*Venturia inaequalis*) to benzimidazole fungicides. The Deciduous Fruit Grower, 1979, 29:418~422

[103] Tomikawa A, Nagae S. Studies on resistance of the pear scab fungus (*Venturia nashicola*) to thiophanate-methyl. (1) Pear scab fungus in Mie Pref. and Yearly fluctuation in the occurrence of thiophanate-methyl resistant-strains of the pear scab fungus in pear orchards. Bulletin of the Mie Agricultural Technical Center, 1984, 12:21~28

[104] Ishii H, van Raak M, Inoue I. Limitations in the exploitation of N-phenylcarbamates and N-phenylformami- doximes to control benzimidazole-resistant *Venturia nashicola* on Japanese pear. Plant Pathology, 1992, 41:543~553

[105] John J W, John M H. Benzimidazole resistance in *Cercospora beticola* sampled from sugarbeet fields in Michigan. Canadian Journal of Plant Pathology, 2001, 23:78~82

[106] 周明国,叶钟音,刘经芬. 杀菌剂抗性研究进展. 南京农业大学学报学报,1994,17(3):33~41

[107] 邢来君,李明春. 普通真菌学. 北京:高等教育出版社,1999:346~347

[108] Heye C C. Biological control of the perfect stage of the apple scab pathogen, *Venturia inaequalis* (cke.) wint. PhD Thesis, The University of Wisconsin-Madison, 1982

[109] Elad Y, Kohl J, Fokkema N J. Control of infection and sporulation of *Botrytis cinerea* on bean and tomato by saprophytic bacteria and fungi. European Journal of Plant Pathology, 1994, 100:315~336

[110] Knopp M A. Studies toward the total synthesis of heptelidic acid and gliocladic acid. PhD Thesis, Syra-

cuse University, 1989

[111] Soman A D. Chemical investigation of *Chaetomium globosum* and mycoparasitic and coprophilous fungi. PhD Thesis, The University of Iowa, 1999

[112] Soytong K, Soytong K. Chaetomium as a new broad spectrum mycofungicide. Proceeding of First International Symposium on Biopesticide, 1997: 124～132

[113] Dipietro A, Gut-rella M, Pachlatko J P, et al. Role of antibiotics produced by *Chaetomium globosum* in biocontrol of *Pythium ultimum* a causal agent of damping-off. Phytopathology, 1992, 182(2): 131～135

[114] 王芊．木霉菌在生物防治上的应用及拮抗机制．黑龙江农业科学，2001，(1)：41～43

[115] 王未名，陈建爱，孙永堂，等．六种土传病原真菌被木霉抑制作用机理的初步研究．中国生物防治，1999，15(3)：142～143

[116] Flores G H A. Studies on elicitation, biological and chemical properties of phytoalexins in populus tremuloides michx. PhD Thesis, University of Toronto Canada, 1981

[117] 王艳丽，沈瑛，徐同．哈茨木霉防治水稻纹枯病研究．植物保护学报，2000，27(2)：97～101

[118] 钟静萍等．木霉(*Trichoderma* Spp.)对立枯丝核菌(*Rhizoctonia solani*)的重寄生作用．浙江农业大学学报，1990，16(增)：73～77

[119] 王伟，赵谦，杨微．木霉对土传病原尖孢镰刀菌的拮抗作用．中国生物防治，1997，13(1)：46～47

[120] 杨雨林，燕嗣皇，陆得清．木霉防治辣椒白绢病和猝倒病实验研究．贵州农业科学，1996，6(2)：31～34

[121] 项存悌，高克祥，何秉章，等．杨树烂皮病生物防治的研究．东北林业大学学报，1991，19(6)：15～25

[122] Erlich H A, Gelfand D H, Saiki R K. Specific DNA Amplification. Nature, 1988, 331: 461～462

[123] Randall K S, Gelfane D H, Suanne S, et al. Primer-Directed Enzymatic Amplification of DNA with a Thermostabl DNA polymerase. Science, 1988, 239: 487～491

[124] 奥斯伯，布伦特，金斯顿，等．精编分子生物学指南．颜子颖，王海林译．北京：科学出版社，1999

[125] Chi YJ, Yang Q. Construction of recombinant plasmid of resistance gene to carbendazim. International Symposium on Biological Control and Bio-technology, 2003: 183～188

[126] 迟玉杰，杨谦．*TUB2* 基因重组质粒的构建、鉴定及其在毛壳菌中的转化．高技术通讯，2003，13(2)：34～40

[127] O'Farrell P H. High resolution two dimensional electrophoresis of proteins. Journal of Biological Chemistry, 1975, 250: 4007～4021

[128] Cleveland D W, Fishcher S G, Kirschner M W, et al. Peptide mapping by limited proteolysis in sodium dodecylsulfate and analysis by gel electrophoresis. Journal of Biological Chemistry, 1977, 252: 1102～1106

[129] 石绍业，王学全，潘时，等．现代遗传学．哈尔滨：黑龙江教育出版社，1993

[130] Adams MD, Kelley JM, Gocayne JD, et al. Complementary DNA sequencing: expressed sequence tags and human genome project. Science, 1991, 252: 1651～1656

[131] Bhattramakki D. An Integrated SSR and RELP linkage map of sorghum bicolor moench. Genome, 2000, (43): 988～1002

[132] Brenner S. The human genome: the nature of the enterprise. Ciba Found Symp., 1990, (149): 6～12

[133] Birney E. Mining the draft human genome. Nature, 2001, (409): 827～828

[134] Zhang H, Yang Q. Expressed sequence tags-based identification of genes in the biocontrol agent *Chaetomium cupreum*. Appl Microbiol Biotechnol, 2007, 74(3): 650～658.

[135] Liu PG, Yang Q. Construction of *Trichoderma harzianum* cDNA library and analysis of partial EST sequences. Journal of Harbin Institute of Technology, 2005, 37: 1503～1506

[136] 陈刚，杨谦，刘志华，等．病原菌细胞壁诱导下球毛壳菌葡聚糖酶活变化及抑菌试验．西南林学院学报，2010，30(3)：50～53

索　　引

一、中文索引

六画

七画

二、英文索引